INTELIGENCIA ARTIFICIAL,

naturalmente

Un manual de convivencia entre humanos y máquinas para que la tecnología nos beneficie a todos

Nuria Oliver

2.ª edición

A mi familia, naturalmente

Autora: Nuria Oliver

Editorial: Kuria Press, Washington, USA

Contacto: kuriapress@outlook.com

ISBN: 979-8-9957933-3-5

Primera edición: 2020, ONTSI
Segunda edición: 2026
Edición: Victoria Toro
Diseño y maquetación: Sofía Oliver y Kristof Roomp

Índice general

Prólogo

"El punto justo de generosidad"

Por Pere Estupinyà

Hay cosas que no sé si la inteligencia artificial terminará de entender. Por ejemplo; cuando un domingo de marzo a las 8:18 de la mañana recibí un whatsapp de Nuria Oliver pidiéndome escribir un prólogo para este libro, yo estaba a punto de salir de casa dirección a la Cadena Ser para entrar en directo en el A Vivir, de allí ir corriendo al aeropuerto para volar al Centro Europeo de Astronautas en Alemania para grabar un programa de televisión, y al regresar seguir empalmando rodajes muy intensos y tareas pendientes durante varias semanas. En mi agenda no había manera de encajar nada más -y mucho menos algo tan demandante como pensar y escribir un prólogo- sin sacrificar horas de sueño, asuntos personales y profesionales, e incluso algo de salud. Y sin embargo, respondí inmediatamente que sí a la petición de Nuria. Y además, contento. De hecho tras mi rápida y positiva respuesta Nuria se mostró muy agradecida, pero creo que yo lo estaba más. Porque muchas veces, dar es más satisfactorio que recibir.

Salvando las enormes distancias, me recordó un domingo que tuvimos a dos hermanas en la radio, una de las cuales había dado un riñón a la otra, y oyéndolas hablar a las dos, la que ofreció el riñón mostraba muchísima más orgullo, satisfacción y sensación de bienestar emocional que su hermana receptora. Llegó a decir que, en perspectiva, para ella había sido algo netamente positivo. ¿Entenderá esto la IA? ¿Será capaz de comprender que la generosidad es una de las virtudes humanas que más nos recompensa? De manera exclusivamente fría y racional, dar parece implicar una pérdida y recibir una ganancia, pero hay alguna fuerza misteriosa e inconsciente por la que se siente de la manera contraria, y por la que ayudar o hacer un favor a un familiar, amigo o incluso desconocido nos suele generar más plenitud y bienestar que recibirlo.

A decir verdad, sí creo que la mayoría de esos modelos de lenguaje que Nuria te explicará con tanta claridad y capacidad divulgativa en las próximas páginas, saben perfectamente que muchos humanos operamos así. ¿Pero lo comprenden? ¿Saben inferir el conjunto de razones esenciales por las que eso es así? Quizá esta cuestión sea más filosófica que práctica, y hasta cierto punto fútil porque nosotros mismos también lo sabemos sin comprenderlo del todo. No me enredo por aquí. Pero el siguiente planteamiento sí me parece más trascendente: ¿Podrá la IA integrar esta generosidad dentro de su esencia y principios básicos de funcionamiento y recomendaciones? Claro, si la programamos, seguramente sí, y eso entronca con la idea de alineamiento que Nuria también analizará -y mucho- en próximos capítulos. Pero ¿cómo decidirá cuándo hacerlo? yo no voy por la vida siendo ultra-generoso con todo el mundo, también vigilo que no se aprovechen de mí, y en el fondo, no sabría decirte qué factores hacen que un día me sienta más o menos inclinado a aceptar escribir un prólogo o no. Diría que es una decisión espontánea, basada en una primera sensación inicial condicionada por factores inconscientes, aleatorios, y profundamente individuales. Luego se supone que pasa por el filtro de la razón, pero como diría Kahneman, en decisiones rápidas la razón actúa más como acomodación que como filtro. Entonces, a lo que íbamos: ¿Se puede condicionar a una máquina para que tenga el grado justo de generosidad y esté alineada con los valores que como humanos queremos?

De nuevo, seguramente sí. Pero ahora aparece el gran problema de que no todos los humanos queremos lo mismo. Entonces, ¿quien decide que el algoritmo sea más empático y generoso o menos? Una opción que tenemos para desviar el embrollo y rehuir responsabilidades es dar grados de libertad a la IA; confiar en su inteligencia intrínseca para que, ante situaciones nuevas, ella decida cuándo conviene ser más generosa o menos. De hecho, quizá incluso podemos justificarnos diciendo que tiene mayor capacidad de análisis y en general toma mejores decisiones que nosotros. Pero claro, este planteamiento nos conduce a un dilema muy pero que muy profundo: ¿Estamos a riesgo de perder el control de la IA? ¿Puede llegar la IA a manipularnos a nosotros en lugar de nosotros a ella? ¿Estamos construyendo unos sistemas inteligentes y autónomos demasiado peligrosos?

En asuntos tecnológicos tenemos la máxima de que la tecnología no es buena ni mala por sí misma, sino que depende de cómo la usemos los humanos. Pero en el nuevo mundo de la IA, esta regla es demasiado simplista e inocente. Cumple muy bien con los principios del uso ético de la IA y las peticiones de evitar que sirva para, por ejemplo, disparar la desigualdad económica o manipular opiniones políticas, pero los temores protectores deben ir mucho más lejos. Primero, porque la inteligencia artificial tiene un potencial absolutamente abismal y transformador, y segundo, por la autonomía que le daremos. Cuando entrevisté a Geoffrey Hinton para "El Cazador de Cerebros" me aseguró que nosotros mismos facilitaremos que la IA sea independiente y no siga nuestras instrucciones; le pediremos que si le encargamos hacer una tarea y le damos instrucciones para hacerla, si ella ve que la puede resolver de una manera mejor, más efectiva o más barata, que no nos haga caso y proceda como ella considere que sea más eficiente y pueda obtener el mejor resultado. Y por ahí podemos empezar a perder el control y sufrir consecuencias indeseadas, cuando a dicha IA autónoma se le escape algún principio ético y en pro de la eficiencia ejecute una acción que nosotros nunca hubiéramos aceptado.

De hecho Hinton, que es de los más apocalípticos, dice que si las múltiples IAs que tendremos en el futuro son cada vez más inteligentes, autónomas y toman cuerpo con la robótica, nada impide que alguna de ellas pueda evolucionar como una entidad malvada y llegar a adquirir una capacidad destructiva que ponga en riesgo a la humanidad. Exagerado o no, como muy bien explica Nuria en este libro, el debate no está cerrado, y por eso importa que reflexionemos sobre él. Lo que sí parece claro es que no debemos regalarle tanta independencia a la IA, y en todo caso, alinearla para que sea bondadosa, generosa, con valores humanistas, y que ponga todo su potencial en ayudarnos a vencer enfermedades, afrontar el problema energético, mejorar aspectos cotidianos de nuestras vidas, y construir un mundo mejor. ¿Cómo se consigue esto? ¿Quién tiene la capacidad y responsabilidad de hacerlo? La ventaja de escribir un prólogo es que puedo dejarlo aquí, quedarme tan ancho, y dar paso a Nuria para que te responda esta y muchas otras preguntas, reflexiones, dilemas y soluciones que son absolutamente vitales para el futuro que estamos construyendo.

Nuria Oliver lleva más de treinta años dedicada a la inteligencia artificial -como investigadora en Microsoft Research, como consejera de gobiernos y organismos internacionales, y como académica de la Real Academia de Ingeniería de España-. Pocas personas conocen la IA desde dentro con tanta profundidad y, al mismo tiempo, se han preocupado tan seriamente por sus consecuencias humanas. Este libro es el destilado de esa doble mirada: la de quien entiende los mecanismos pero también se pregunta, con honestidad, adónde nos llevan. Te acompañará desde los orígenes históricos de la disciplina hasta la IA generativa que irrumpió en nuestras vidas hace apenas unos años, sin perder nunca de vista la gran pregunta: ¿Cómo conseguimos que todo esto nos beneficie a todos, y no solo a unos pocos? Es un viaje apasionante. Gracias, Nuria, por el regalo de regalarte este prólogo.

.

Pere Estupinyà, Marzo de 2026

Nota de la autora

Esta segunda edición de "Inteligencia Artificial, naturalmente", actualiza y amplía el contenido de la primera edición, publicada por el Ministerio de Economía en 2020, y cuyo contenido se basaba en mi discurso de toma de posesión como académica de número en la Real Academia de Ingeniería en 2018.

Desde 2018, cuando concebí el texto original, los avances en Inteligencia Artificial (IA) nos han sorprendido, con una irrupción de la IA de manera indiscutible en nuestras vidas, lo que hacía necesaria una actualización del texto. Esta segunda edición describe los progresos recientes en Inteligencia Artificial, incluye un nuevo capítulo sobre la Inteligencia Artificial generativa, contenido sobre la evolución de la regulación y políticas públicas en IA, y una puesta al día de las cifras, predicciones y previsiones de esta fascinante disciplina.

Mi intención es que esta edición continúe sirviendo como una guía accesible y rigurosa para estudiantes, profesionales y cualquier persona interesada en comprender la Inteligencia Artificial desde una perspectiva histórica, práctica y humanista.

Agradezco a los y las lectoras que me han transmitido sus comentarios desde la primera edición. Sus observaciones han sido esenciales para enriquecer esta versión, como también ha sido el entusiasmo y el apoyo de Kristof, mi marido, quien, con paciencia y perseverancia me impulsó a escribir y publicar esta segunda edición.

Tras haber dedicado mi vida profesional a la Inteligencia Artificial, escribir este libro ha sido también un ejercicio personal de reflexión sobre la disciplina que ha definido mi camino. Espero que quienes lo lean sientan la misma pasión y curiosidad que me han acompañado, y se animen a explorar, aprender y aplicar la IA con rigor y responsabilidad.

Alicante, marzo de 2026

Introducción

Vivimos en un mundo tecnológico. Nuestro trabajo, entretenimiento, salud, transporte, educación, economía y comunicación dependen y se ven enriquecidos por la tecnología. Sin embargo, somos muy pocos –y aún menos mujeres– quienes creamos tecnología y la utilizamos como herramienta para resolver problemas.

Durante más de 30 años he investigado en cómo modelar el comportamiento humano usando técnicas de Inteligencia Artificial (IA).

He trabajado con habitaciones, ropas, coches y móviles inteligentes. He inventado sistemas capaces de reconocer comportamientos o características humanas, como expresiones faciales[1], actividades[2], interacciones[3], maniobras de la conducción[4], la apnea del sueño[5], el riesgo crediticio[6], los puntos calientes de crimen en las ciudades[7] o incluso el aburrimiento[8]. He construido sistemas interactivos e inteligentes en ordenadores y teléfonos móviles[9][10]. He sentido en primera persona la felicidad profunda que te invade cuando lo que no era más que una idea –a veces incluso un tanto alocada– se convierte en una realidad que puede ayudar a millones de personas.

Más recientemente, durante la pandemia de COVID-19, lideré un grupo de expertos que asesoró a la Generalitat Valenciana sobre el uso de la Inteligencia Artificial y el análisis de datos para el seguimiento y la contención de la pandemia[11]. Fue una experiencia que demostró, en tiempo real y con consecuencias directas para la salud de las personas, el potencial de la IA cuando se aplica con rigor, propósito social y transparencia.

He sido arte y parte, testigo y partícipe, del progreso tecnológico, de la presencia cada vez más relevante y ubicua de la tecnología en nuestras vidas y de la dependencia que hemos desarrollado hacia ella.

La inspiración y el motor de mi trabajo han sido, durante toda mi carrera, preguntas con una clara aplicación social. La persona, en sentido individual y colectivo, ha sido y es el elemento central en todos mis proyectos: tecnología dotada de inteligencia por y para la sociedad, tecnología capaz de entendernos como paso previo a ayudarnos. Sin embargo, el impacto que esa misma tecnología está teniendo ahora, ya, en nuestras vidas no siempre es positivo, lo que me preocupa. Me pregunto si no nos encontramos ante una crisis social de base tecnológica.

Al mismo tiempo, no tiene sentido aspirar a frenar el desarrollo tecnológico: explorar lo desconocido y empujar el estado del arte forma parte de la esencia del ser humano. Necesitamos la tecnología para sobrevivir como especie y para superar retos tan inmensos como el cambio climático, la sostenibilidad del planeta, el envejecimiento de la población y la prevalencia cada vez mayor de las enfermedades crónicas.

La Inteligencia Artificial ha abandonado completamente la esfera de la ciencia ficción. Los sistemas enriquecidos con IA no solo forman parte de nuestra vida cotidiana: la han transformado profundamente. Desde noviembre de 2022, cuando ChatGPT alcanzó 100 millones de usuarios en apenas dos meses –la adopción más rápida de cualquier tecnología en la historia–, la IA generativa ha cambiado radicalmente nuestras expectativas sobre lo que las máquinas pueden hacer. Cientos de millones de personas conversan diariamente con sistemas de IA, y les piden que escriban, programen, analicen o les den consejo. El futuro del que hablábamos hace décadas ya está aquí.

El potencial de la IA para transformar la sociedad, en prácticamente todos los ámbitos, es inmenso. Pero corremos el riesgo de que un porcentaje muy elevado de la ciudadanía quede al margen de esta transformación. Es más, la metamorfosis no será necesariamente positiva para el conjunto de la sociedad si no trabajamos activamente para que sea así, si no exigimos que los avances contribuyan de verdad al progreso, a la igualdad y a la prosperidad. A un mundo mejor para todos, no solo para unos pocos.

Desde la publicación de la primera edición de este libro en 2018, la Inteligencia Artificial ha experimentado una aceleración sin precedentes. La llegada de la IA generativa, abanderada por los grandes modelos de lenguaje, ha cambiado fundamentalmente cómo entendemos las capacidades y limitaciones de la Inteligencia Artificial. Lo que en 2018 eran sistemas especializados en tareas concretas se ha convertido en sistemas capaces de conversar, razonar e incluso crear. Abordar las preguntas fundamentales que planteábamos en 2018 sobre ética, equidad, transparencia y control de la IA es igualmente importante pero más urgente que nunca.

El libro está organizado en siete capítulos. El primero recorre mi trayectoria investigadora como hilo conductor para presentar la disciplina. El segundo ofrece una historia de la IA desde sus raíces hasta el umbral de la revolución de Inteligencia Artificial generativa. El tercero, completamente nuevo en esta edición, describe el auge de los grandes modelos de lenguaje y la IA generativa. El cuarto examina dónde está la IA hoy: sus aplicaciones, sus hitos científicos y sus límites. El quinto analiza el impacto económico, laboral y educativo. El sexto presenta los retos estructurales de la Inteligencia Artificial que exigen respuesta técnica, política y ciudadana. El séptimo propone respuestas: diversidad, regulación y los principios éticos que guían una Inteligencia Artificial por y para todos.

[CAPÍTULO 1]
Amor a primera vista

Por qué investigo en tecnología basada en el comportamiento humano

Entendí realmente el poder de la Inteligencia Artificial con mi proyecto de fin de carrera. Había escrito un programa para detectar automáticamente coches en vídeos de autopistas, mi primer programa para que un ordenador hiciese algo "inteligente"; de pronto vi, con sorpresa, que conseguía no solo detectar los coches, sino además seguirlos. ¡Qué sensación de empoderamiento! Me di cuenta del valor de la tecnología para ayudarnos a abordar problemas complejos, a hacer tareas de manera más eficiente. Me inspiré para seguir creando tecnología que nos entienda y nos ayude aún más. Por eso he dedicado mi vida profesional a la investigación en Inteligencia Artificial, o IA, y más concretamente al modelado computacional del comportamiento humano.

Soy ingeniera de telecomunicaciones y he tenido la fortuna de aprender y trabajar en los principales focos donde se forjaba la era digital: del MIT a Microsoft, de Telefónica a Vodafone. Hoy investigo desde Alicante, donde nací y vivo con mi familia, al frente de ELLIS Alicante –una fundación de investigación que cofundé en 2020 dedicada a la IA por y para las personas.

Durante un fascinante período en mi etapa formativa realmente sentí que estábamos inventando el futuro: realidad aumentada, ropa y coches inteligentes, informática afectiva, tinta electrónica, objetos conectados, etc. Estas aplicaciones hoy convertidas en realidad –o a punto de serlo– fueron algunas de mis áreas de investigación en los años noventa.

Por supuesto, no crecí pensando que me dedicaría a esto. Mi primer contacto con las telecomunicaciones fue durante la Semana Santa de mi último año de bachillerato. Sentía la presión de tener que elegir una carrera, y no sabía cuál. Siempre me ha apasionado la ciencia; Leonardo da Vinci, Marie Curie, Albert Einstein... me atraía enormemente la figura del inventor/investigador. Desgraciadamente no podía preguntar a esos gigantes del conocimiento en qué consistía su trabajo, ni cómo llegaron a él. Pero un amigo de mi hermano, Miguel Vallés, que hacía "teleco" en Madrid y había venido a Alicante a pasar la Semana Santa, me habló con tanta pasión de las telecomunicaciones, de sus aplicaciones prácticas y de la vida en un colegio mayor, que me contagió. Decidí estudiar Ingeniería de Telecomunicación en la Universidad Politécnica de Madrid (UPM).

Fue el primer paso hacia la realización de muchos de mis sueños. Siempre estaré agradecida a Miguel por contarme su experiencia, por inspirarme, por ayudarme –sobre todo en el aterrizaje en Madrid– y por su amistad generosa e inquebrantable todos estos años.

Entendí pronto, incluso antes de saber a qué área específica me dedicaría, el grandísimo potencial de la tecnología para mejorar la sociedad. Mi pasión era y sigue siendo la investigación, por lo que pensé hacerme investigadora en algún tema tecnológico. Así fue como, siendo estudiante, descubrí la Inteligencia Artificial. Fue amor a primera vista.

La imaginación es el límite

Presenté mi primera publicación científica siendo estudiante de tercero de carrera, en el XXIV Congreso Internacional Univ'91 que tuvo lugar en Roma, tutelada por mi gran profesora, hoy amiga, Carmen Sánchez. Era un trabajo sobre redes neuronales, uno de los primeros modelos de Inteligencia Artificial inspirado en la manera en que aprende el cerebro humano. Recientemente redescubrí este artículo titulado *"Redes neuronales: un camino abierto a la Inteligencia Artificial...¿hasta dónde? Objetivo: potenciar al máximo el cerebro humano, sin suplantar su originalidad, su libertad"*, y me sorprendió por su contemporaneidad. Sin ser consciente de ello y con la perspectiva de décadas de trabajo, me doy cuenta de que aquel primer intento ya resumía la filosofía que ha guiado toda mi carrera: desarrollar Inteligencia Artificial que potencie las capacidades humanas, fomente la creatividad y la libertad de pensamiento, y contribuya a tener impacto positivo en la sociedad y el planeta.

Poco después hice el proyecto fin de carrera, tan decisivo para mí, dentro del Grupo de Tratamiento de Imágenes de la UPM, que estaba liderado por el profesor Narciso García. Ese trabajo para identificar automáticamente coches en vídeos, con técnicas de visión por ordenador, dio fuerza y forma a mi primer gran sueño: estudiar un doctorado en Inteligencia Artificial en Estados Unidos.

Pude hacerlo realidad gracias a una beca de la Fundación Obra Social la Caixa, y a que me aceptaron en siete universidades estadounidenses –todas las que solicité– incluyendo Stanford, Caltech, Carnegie Mellon y el Instituto Tecnológico de Massachusetts (MIT). Me sentía muy afortunada. Tras un proceso de decisión obligatoriamente difícil opté por el legendario Media Lab del MIT. Comencé así mi carrera científica bajo la dirección del profesor Sandy Pentland, uno de los investigadores en ciencias de la computación más citados del mundo, de quien sigo aprendiendo y a quien tan agradecida estoy.

He de reconocer que el MIT impone. Yo aterricé con cierto temor a carecer de la formación necesaria para sobrevivir en un entorno académico tan exigente, pero resultó que la educación recibida en la Escuela de Telecomunicación de la UPM era, en muchas áreas, incluso más completa y profunda –aunque menos experimental– que la de mis compañeros en el MIT. Me sentí como pez en el agua.

Fueron años de trabajo intenso, pero muy divertido y enriquecedor. Prácticamente vivía en el laboratorio, trabajando todos los días –fines de semana incluidos– con gran dedicación y pasión. Compartimos experiencias inolvidables: las demos –el lema del Media Lab es *demo or die*–, los eventos con los patrocinadores, el primer desfile del mundo de ropa inteligente, las carreras de coches de fórmula Dodge...

Fue un periodo de aprendizaje constante, de gran creatividad y estimulación intelectual, y de exposición a una cultura extremadamente positiva que ya forma parte de mi identidad. Una cultura que fomenta el asumir riesgos, que considera las equivocaciones un regalo de la vida para aprender y donde no hay más límite que tu propia imaginación. Conservo de entonces amistades intensas con personas extraordinarias, autoras de profundas contribuciones a la ciencia y a la sociedad. También fueron años duros de trabajo sin descanso, a miles de kilómetros de mi familia y con un clima inhóspito en invierno y en verano.

Estuve en el Media Lab desde finales de agosto de 1995 hasta junio del año 2000, una etapa dorada para este laboratorio justo antes de la crisis de las *puntocom*. Hice el doctorado en poco tiempo, teniendo en cuenta la duración media entonces de los doctorados en el Media Lab. Fue una época de gran optimismo respecto a la tecnología, un periodo de creatividad y de definición de algunas de las áreas tecnológicas que son hoy día una realidad.

Mi primer proyecto en el MIT fue LAFTER[1], uno de los primeros sistemas en el mundo de reconocimiento de expresiones faciales en tiempo real. Ahora lo hacemos con un móvil, pero en 1995 reconocer expresiones era casi ciencia ficción. También, en 1997 organizamos el primer desfile de ropa inteligente del mundo, y trabajé en un coche capaz de detectar y además predecir las maniobras de los conductores. Otro de mis proyectos, para museos, reconocía en tiempo real los cuadros y mostraba en unas gafas de realidad aumentada –término que apenas había salido de los laboratorios– un vídeo explicativo sobre ellos, de nuevo una aplicación que ahora no sorprende pero que hace dos décadas era experimental.

Dejé el MIT para iniciar mi carrera profesional en los laboratorios de investigación de Microsoft, donde trabajé con Eric Horvitz y Mary Czerwinski. Durante este periodo me di cuenta de que si mi sueño –¡otro!– era conseguir que los ordenadores nos entendieran –como paso necesario previo a ayudarnos–, debía enfocar mi trabajo al que es el ordenador más personal: el móvil. Por ello en 2005 comencé a investigar en proyectos relacionados con móviles, lo que me acercó de nuevo a las telecomunicaciones.

Un perfil poco común

Nunca pensé que podría regresar a España, aunque siempre lo deseé. A finales de 2007 Telefónica me ofreció la oportunidad de volver como Directora Científica –la primera mujer– en Telefónica I+D, en Barcelona, y fue como si la diosa Fortuna de nuevo llamara a mi puerta.

El reto era definir desde cero un área de investigación en IA y Big Data para una compañía que, como todas las telecos de entonces, se centraba en redes y sistemas de comunicación. También, aprender a ser directora y a desarrollar mi capacidad de liderazgo, en femenino. Casi nueve años después, lo que empezó siendo un área emergente se había convertido en estratégica para la empresa –y para el sector en su conjunto.

De aquella etapa, y de mi posterior paso por Vodafone como Directora de Investigación en Ciencias de Datos a nivel global, entendí algo que es difícil de aprender en un contexto de investigación puramente académico: la brecha entre una idea brillante y un producto que cambia la vida de millones de personas es real, costosa, compleja y apasionante de cruzar.

Trabajo global, vida local

A finales de 2015 decidimos mudarnos a Alicante para estar junto a mi familia. Mi marido –arquitecto de software– ya trabajaba desde casa, y yo combiné trabajo remoto con los viajes necesarios. Hay intangibles sumamente valiosos, como crecer cerca de los abuelos, los tíos, los primos... Quisimos ofrecer esa experiencia a nuestros hijos.

Desde Alicante me embarqué en nuevas aventuras, dedicando tiempo a la divulgación científica –sobre todo para acercar a las chicas hacia las carreras tecnológicas– y en 2019, junto con colegas investigadores en Europa, creamos ELLIS, The European Laboratory for Learning and Intelligent Systems. En 2020, en plena pandemia, fundamos ELLIS Alicante: un centro de investigación en IA ética y responsable que me llena de orgullo y que habría sido imposible sin el apoyo de la Generalitat Valenciana y de la sociedad civil alicantina.

Con la perspectiva de tres décadas desde que descubrí la Inteligencia Artificial en la UPM, siento hoy un gran entusiasmo por ver convertidas en realidad muchas de las ideas a las que contribuí hace un cuarto de siglo. Me apasiona poder ayudar con mi trabajo a mejorar la calidad de vida de las personas y de nuestro planeta gracias a la IA.

No obstante, a pesar del impacto positivo de la IA en nuestra sociedad, también siento preocupación. El desarrollo de la Inteligencia Artificial por y para la sociedad requiere no solo una inversión ambiciosa en la investigación, innovación y adopción de la IA en el tejido empresarial, sino también la definición y cumplimiento de marcos éticos y regulatorios apropiados. Es además imprescindible una profunda reforma educativa a todos los niveles, combatiendo activamente la falta de equilibrio, de diversidad geográfica, demográfica e institucional en la expansión de una tecnología capaz de transformar profundamente nuestra forma de vida. De mi pasión por la IA, y de mi sueño de usarla para el beneficio de todos, nace este libro.

La historia de mi primer encuentro con la IA es también la historia de una disciplina que aprendió a aprender de los datos. El siguiente capítulo recorre ese aprendizaje desde sus raíces históricas hasta el umbral de la revolución de Inteligencia Artificial generativa que estamos viviendo.

TECNOLOGÍA PARA LAS PERSONAS (Y NO AL REVÉS)

Llevo más de treinta años construyendo sistemas de Inteligencia Artificial por y para las personas. Comencé con el reconocimiento de expresiones faciales[1], la predicción de las maniobras de conducción[4] o la detección de actividades en una oficina[2] –trabajo que en los años noventa era ciencia ficción y hoy forma parte de la realidad–. Pero lo que más me importa no es lo que la tecnología puede hacer, sino para quién lo hace y con qué propósito.

Tres áreas ilustran esa filosofía. La primera es la salud. Con el proyecto *HealthGear*, exploré las posibilidades de detectar automáticamente la apnea del sueño –una enfermedad que afecta a millones de personas y a menudo pasa desapercibida durante años– a partir de señales captadas por el móvil mientras dormimos, sin electrodos ni visita al hospital[5]. *MoviPill* convirtió la toma correcta de la medicación en un juego social entre pacientes crónicos y mejoró la adherencia al tratamiento en un 60 %[9]. Dos problemas cotidianos y serios abordados con soluciones que caben en el bolsillo.

La segunda es la equidad. Unos 1.700 millones de personas en el mundo no tienen cuenta bancaria, pero sí acceso a un teléfono móvil. *MobiScore* convierte los patrones de uso del móvil en una estimación del riesgo crediticio[6], abriendo el acceso al crédito a personas que los sistemas financieros tradicionales sencillamente ignoran.

La tercera es lo colectivo. Los datos anonimizados de la red de telefonía móvil permiten detectar las zonas más afectadas tras una inundación[12], modelar la propagación de epidemias como la malaria[13] o el COVID-19[11], o entender los patrones de movilidad urbana para mejorar servicios públicos –cosas que antes requerían años de trabajo de campo.

Hoy, desde ELLIS Alicante[1], seguimos investigando dónde la IA puede empujar hacia más justicia y menos daño: sesgos en modelos generativos[14, 15], discriminación algorítmica[16], impacto de los filtros de belleza en la autoimagen de los adolescentes[17]. El objetivo no cambia: que la tecnología nos ayude a todos, y no solo a quienes ya tienen más.

[1] https://ellisalicante.org

2

[CAPÍTULO 2]

La historia de la IA

Un paseo personal por la historia de la IA

> *Lo hemos asumido: las máquinas nos superan a nosotros, sus creadores, incluso en tareas asociadas a la capacidad de estrategia y a la intuición. ¿Cómo lo han conseguido? ¿Significa que pueden pensar como nosotros? A todo esto, ¿cómo pensamos nosotros? El esfuerzo por crear cerebros no biológicos parte de la reflexión sobre el pensamiento y el aprendizaje humanos, e incluye ambiciosas visiones futuristas; pruebas para detectar inteligencia; y procesadores y algoritmos capaces de analizar, dar sentido y aprender a partir de cantidades ingentes de datos, entre otros elementos. El éxito, en última instancia, curiosamente depende de la capacidad de otorgar a los errores el valor (matemático) que se merecen.*

Cuando comencé mi carrera investigadora, la Inteligencia Artificial (IA) era una disciplina propia de la ciencia ficción. En la última década, ha experimentado una transformación extraordinaria, probablemente la más profunda en sus siete décadas de historia. La velocidad del cambio

–especialmente desde noviembre de 2022 con el lanzamiento de ChatGPT– ha sido vertiginosa. Comprender la historia de la IA, con sus ciclos de optimismo y desilusión, los debates entre escuelas de pensamiento, y sus avances durante décadas, nos ayuda a contextualizar el momento en que vivimos y a no repetir errores del pasado. Aunque la IA parezca algo novedoso, el desarrollo de máquinas capaces de pensar o dotadas de algunas capacidades humanas ha cautivado nuestro interés desde la antigüedad. Los primeros autómatas –robots antropomorfos– que imitaban movimientos humanos fueron construidos hace milenios.

Según la Ilíada, Hefesto –el dios griego del fuego y la forja– creó dos mujeres artificiales de oro con "sentido en sus entrañas, fuerza y voz" que lo liberaban de parte de su trabajo, es decir, creó robots para que lo ayudaran, lo que lo convierte en todo un adelantado a su tiempo. Heron de Alejandría en el siglo I escribió *Automata*, donde describe máquinas capaces de realizar tareas automáticamente, como estatuas que sirven vino o puertas que se abren solas. Otros ejemplos incluyen autómatas con fines religiosos, como las figuras mecánicas de los dioses en el Antiguo Egipto, operadas por sacerdotes para sorprender a la multitud; y también lúdicos: las famosas cabezas parlantes y autómatas de la Edad Media, el Renacimiento y el siglo XVIII.

Más allá de la automatización, el ser humano siempre ha sentido curiosidad por explicar y entender la mente humana para, entre otros motivos, construir una mente artificial. Hace más de 700 años, Ramon Llull –beato y filósofo mallorquín patrón de los informáticos– describió en su *Ars Magna* (1315) la creación del *Ars Generalis Ultima*, un artefacto mecánico capaz de analizar y validar o invalidar teorías utilizando la lógica: un sistema de Inteligencia Artificial.

La creadora, en el siglo XIX, del primer algoritmo destinado a ser procesado por una máquina –en otras palabras, el *primer programa informático*– fue la matemática Ada Byron (Lovelace). Su visión de que las máquinas podrían servir para algo más que para hacer cálculos matemáticos convirtió a Byron en la primera persona en proponer el uso de la máquina analítica de Babbage para resolver problemas complejos. La máquina de Babbage, no obstante, con sus previstos treinta metros de largo por diez de ancho, nunca llegó a construirse. Se la considera el primer diseño de un ordenador de propósito general, pero los obstáculos técnicos y la falta de respaldo político –en parte por miedo a un posible uso bélico– no permitieron convertirla en realidad.

Una conversación inteligente

El mito y la ficción literaria respecto a la Inteligencia Artificial empezaron a materializarse a partir de los años cuarenta del siglo XX, con los primeros ordenadores.

El genial matemático e informático inglés Alan Turing es considerado el padre de la Inteligencia Artificial. Habló de ella en el legendario artículo *Computing Machinery and Intelligence*, publicado en 1950. Es en este trabajo donde propone la famosa prueba de Turing, ilustrada en la Figura 1, para determinar si un sistema artificial es inteligente.

El ejercicio consiste en que un humano (C en la figura), conocido como el interrogador, interacciona vía texto con un sistema al que puede hacer preguntas. Si el humano no logra discernir cuándo su interlocutor es una máquina (A en la figura), y cuándo otra persona (B en la figura), entonces el sistema supera la prueba de Turing: es inteligente.

Figura 1: *La prueba de Turing (fuente: Wikipedia).*

La década de los cincuenta del siglo XX fue fundacional para la Inteligencia Artificial. En 1951 el profesor Marvin Minsky –a quien tuve el honor de conocer en el MIT– construyó la primera red neuronal computacional como parte de su doctorado en la Universidad de Princeton. Se trataba de una máquina con válvulas, tubos y motores que emulaba el funcionamiento de neuronas interconectadas, y lograba simular el comportamiento de ratas que aprenden a orientarse en un laberinto. La máquina, con sus 40 neuronas, fue uno de los primeros dispositivos electrónicos construidos con capacidad de aprender.

Apenas cinco años más tarde, en 1956, tuvo lugar la mítica convención de Dartmouth (New Hampshire, EE. UU.), en la que participaron figuras legendarias de la informática como John McCarthy, Marvin Minsky, Claude Shannon, Herbert Simon y Allen Newell, varios de ellos ganadores del premio Turing, el más prestigioso en informática, equivalente al Nobel, un premio, este último que, además, también ganó Simon.

Figura 2: *Participantes de la convención de Dartmouth, incluyendo a Marvin Minsky (en el centro del grupo, con gafas), Claude Shannon (primero por la dcha.) y Ray Solomonoff (tercero por la izda.) (Cortesía de la familia Minsky).*

Dartmouth marca un hito porque es en este encuentro donde se define la Inteligencia Artificial y se establecen las bases para su desarrollo, identificando preguntas clave que incluso hoy día nos sirven de mapa conceptual a los investigadores en esta área (Ver recuadro *Las siete cuestiones fundacionales de la IA*).

Es en Dartmouth donde McCarthy acuña el término de Inteligencia Artificial, para referirse a "la disciplina dentro de la Informática o la Ingeniería que se ocupa del diseño de sistemas inteligentes", esto es, sistemas con la capacidad de realizar funciones asociadas a la inteligencia humana como percibir, aprender, entender, adaptarse, razonar e interactuar imitando un comportamiento humano inteligente.

¿Algún gato en la imagen?

McCarthy quiso diferenciar la Inteligencia Artificial del concepto de cibernética, impulsado por Norbert Wiener –también profesor del MIT–, y en el que los sistemas inteligentes se basan en el reconocimiento de patrones, la estadística, y las teorías de control y de la información. McCarthy, en cambio, quería enfatizar la conexión de la Inteligencia Artificial con la lógica. Esta diferencia dio lugar a dos escuelas distintas dentro del desarrollo de la IA, como explico más adelante.

Para conseguir que un ordenador aprenda, por ejemplo, a identificar gatos en imágenes, podemos usar distintas estrategias. La aproximación basada en la estadística y en el reconocimiento de patrones requiere mostrar al ordenador miles de fotos con gatos y sin gatos –llamamos a estos ejemplos *datos de entrenamiento anotados*–; así, proporcionamos a los algoritmos de reconocimiento de patrones la información que necesitan para *aprender* a identificar automáticamente los patrones recurrentes en las fotos con gatos, *versus* en las fotos sin gatos. Una vez estos algoritmos han sido entrenados con suficientes ejemplos, serán capaces de determinar si hay o no un gato en las fotos nuevas que les sean presentadas.

La aproximación basada en la lógica conllevaría la definición de una taxonomía de los animales; dentro de estos, de los mamíferos; dentro de estos, de los felinos; y dentro de estos, de los gatos, describiendo sus características. Este conocimiento, programado en el ordenador, tendría que ser lo suficientemente rico, preciso y flexible como para permitir a la máquina localizar en las imágenes las características que definen a un gato, y detectar su presencia.

En un guiño del destino, la propuesta intelectual de Wiener –basada en datos y estadística– se ha convertido en la dominante en la Inteligencia Artificial, pero utilizando la terminología de McCarthy. Sin embargo, no adelantemos acontecimientos.

LAS SIETE CUESTIONES FUNDACIONALES DE LA IA

En 1955, investigadores pioneros en Inteligencia Artificial propusieron analizar en la Conferencia de Dartmouth (New Hampshire, EE.UU.) la conjetura de que, en principio, todos los aspectos del aprendizaje humano, y en general de la inteligencia, pueden ser descritos de manera lo bastante precisa como para que una máquina pueda simularlas. Desmenuzaron en siete cuestiones el desafío de lograr una Inteligencia Artificial, muchas de las cuales perduran hoy en día como retos a abordar:

- **Capacidad computacional.** "La velocidad y memoria de los ordenadores actuales podría ser insuficiente para simular muchas de las funciones superiores del cerebro humano, pero el principal obstáculo no es la falta de capacidad de las máquinas, sino nuestra incapacidad para programar (...)", escribieron John McCarthy, Marvin Minsky, Claude Shannon y Herbert Simon.
- **Lenguaje.** Los humanos, en gran parte, usamos palabras para pensar. ¿Se puede programar a un ordenador para que tenga lenguaje –y pueda, por ejemplo, integrar tér-

minos nuevos en frases con significado, como hacemos nosotros–?

- **Capacidad de abstracción en las redes neuronales.** ¿Cómo se puede disponer una red de hipotéticas neuronas para lograr que formen conceptos?
- **¿Es eficiente esta manera de resolver el problema?** Los expertos echaban en falta un método para dimensionar una operación computacional, para decidir si abordarla o por el contrario buscar otras estrategias.
- **Superarse a uno mismo.** "Probablemente una máquina verdaderamente inteligente llevará a cabo tareas que pueden ser descritas como de superación personal".
- **Pensamiento abstracto.** "Puede valer la pena hacer un intento de clasificar las abstracciones, y describir métodos por los que las máquinas podrían generar abstracciones a partir de estímulos sensoriales y otros datos".
- **Aleatoriedad y creatividad.** "Una conjetura atractiva, y sin embargo claramente incompleta, es que la diferencia entre el pensamiento creativo y el pensamiento competente poco imaginativo reside en la introducción de una cierta aleatoriedad".

Aprendiendo a distinguir entre izquierda y derecha

Entre las más controvertidas y citadas declaraciones realizadas en los albores de la Inteligencia Artificial se cuentan las del psicólogo Frank Rosenblatt, creador del Perceptrón en el Laboratorio Aeronáutico de Cornell. El Perceptrón se presentó a la prensa en 1958, como un programa instalado en un ordenador de IBM, el 704, que por cierto ocupaba una estancia entera.

Según la crónica publicada el 8 de julio de 1958 en el *New York Times*, el Perceptrón habría de convertirse en "el primer ordenador capaz de pensar como el cerebro humano", equivocándose al principio, pero "volviéndose más sabio con la experiencia". Rosenblatt –señala el *Times*– lo describió como el "embrión" de un ordenador en el futuro capaz de "caminar, hablar, ver, escribir, reproducirse y ser consciente de su existencia".

Fue un apreciable ejercicio de extrapolación, teniendo en cuenta que la única habilidad que el Perceptrón mostró a los medios fue aprender a distinguir entre izquierda y derecha. Al 704 se le introducían dos tarjetas, una con marcas en el lado izquierdo y la otra en el derecho; la computadora empezaba a distinguir una tarjeta de otra al cabo de 50 intentos. Rosenblatt explicó que el avance se debía a un cambio en el programa autoinducido por el propio programa, lo que implica aprendizaje.

Más tarde el Perceptrón se implementó en un dispositivo propio, el Perceptrón Mark 1 (ilustrado en la Figura 4), que se aplicaba al análisis de imágenes. Rosenblatt estaba convencido de que la máquina reproducía de manera simplificada el funcionamiento de neuronas que trabajan estableciendo conexiones, llamadas sinapsis, con otras neuronas.

El Perceptrón (Figura 3) recibe un conjunto de valores de entrada ($x_1 \ldots x_4$) y multiplica cada uno por un peso ($w_1 \ldots w_4$, del inglés *weight*), que representa la fuerza de la conexión con cada neurona adyacente. Si la suma ponderada supera un umbral determinado, la neurona "se activa" y produce una salida $o = 1$; si no lo supera, permanece en silencio y produce $o = 0$.

Dicho de forma intuitiva, el Perceptrón funciona como una votación ponderada: recibe varias señales de entrada, pero no todas tienen el mismo peso —igual que al decidir si llevar paraguas, la opinión del parte meteorológico cuenta más que la del vecino—. Si la suma de votos supera el umbral, la neurona artificial se activa y emite una señal. Si no, permanece en silencio.

El modelo está basado en un trabajo anterior de Warren McCulloch y Walter Pitts, que demostraron que un modelo de neurona como el descrito puede representar funciones

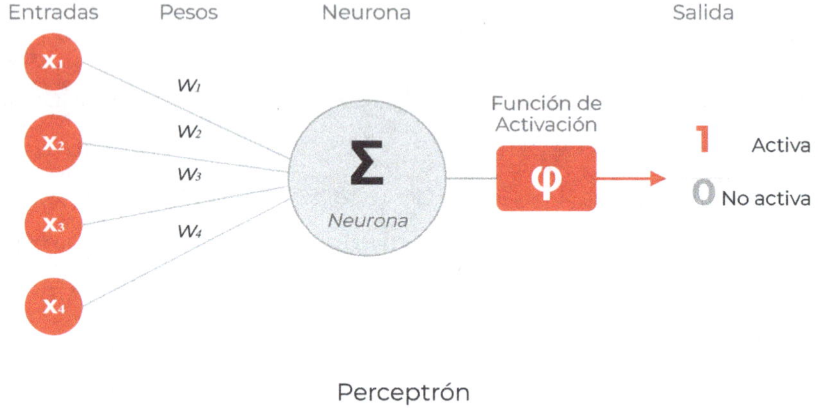

Figura 3: *Perceptrón de Rosenblatt (fuente: Wikipedia).*

de la lógica OR/AND/NOT. Este resultado era importante porque, como hemos explicado, en los albores de la IA se pensaba que cuando los ordenadores pudieran llevar a cabo operaciones de razonamiento lógico formal, se conseguiría la Inteligencia Artificial.

Aprender a partir de reglas, o de la experiencia

Desde las dos aproximaciones distintas a la Inteligencia Artificial por parte de Wiener (basada en datos) y McCarthy (basada en la lógica), ha existido cierto enfrentamiento entre dos escuelas de pensamiento en la Inteligencia Artificial: el enfoque simbólico-lógico o *top-down*

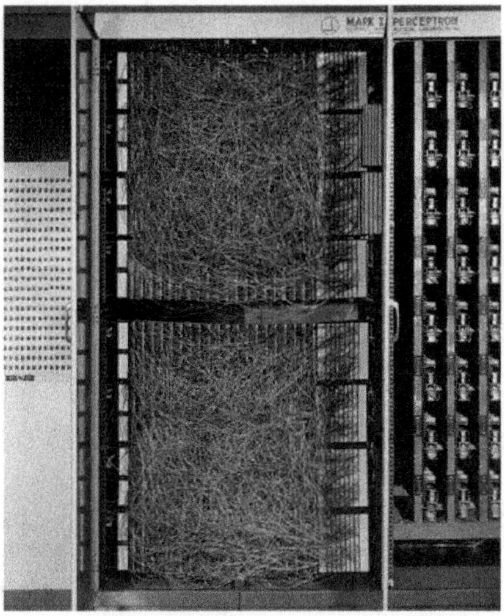

Figura 4: *Perceptrón Mark 1 del Laboratorio de Aeronáutica de Cornell (fuente: Wikipedia).*

–originalmente llamado *neat*–; y el enfoque basado en datos, conexionista o *bottom-up* –originalmente conocido como *scruffy*–.

Son abordajes muy distintos conceptualmente. El simbólico, *topdown* –en inglés, de arriba a abajo–, postulaba que las máquinas, para razonar, debían seguir un conjunto de reglas predefinidas y unos principios de la lógica. La idea es programar en la máquina el conocimiento que poseemos los humanos, de forma que después, aplicando las reglas que también han sido programadas, el ordenador pueda derivar conocimiento nuevo.

El ejemplo canónico son los llamados sistemas expertos, el primer ejemplo comercial de la Inteligencia Artificial. Hablaremos de ellos más adelante.

Por su parte la escuela *bottom-up* –de abajo a arriba– proponía que la Inteligencia Artificial debía inspirarse en la biología, aprendiendo a partir de la observación y de la interacción con el mundo físico, esto es, de la experiencia. Según este enfoque, si aspiramos a crear IA debemos proporcionar a los ordenadores observaciones de las que aprender. Esto conlleva entrenar algoritmos a partir de miles de ejemplos de lo que queremos que aprendan.

En los sistemas de Inteligencia Artificial suele tomarse como referencia la inteligencia humana. Del mismo modo que la inteligencia humana es diversa y múltiple, la Inteligencia Artificial es una disciplina con numerosas ramas de conocimiento, que se nutren de las dos grandes escuelas de pensamiento *top-down* y *bottom-up*.

La escuela simbólico-lógica incluye, entre otras, áreas como la teoría de juegos; la lógica; la optimización; el razonamiento y la representación del conocimiento; la planificación automática; y la teoría del aprendizaje.

En la escuela *bottom-up* destacaría la percepción computacional – una de mis áreas de especialidad, que abarca el procesamiento de imágenes, vídeos, texto, audio y datos de otro tipo de sensores–; el aprendizaje automático estadístico –*machine learning*, otra de mis áreas–; el aprendizaje con refuerzo; los métodos de búsqueda –de texto, imágenes, vídeos–; los sistemas de agentes; la robótica; el razonamiento con incertidumbre; la colaboración humano-IA; los sistemas de recomendación y personalización; y las inteligencias social y emocional computacionales, áreas en las que también he investigado.

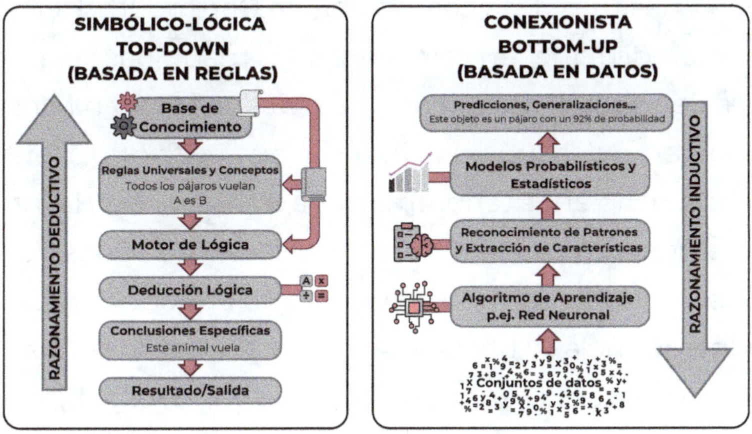

Figura 5: *Ejemplos de sistemas de IA* top-down, *en azul, y sistemas* bottom-up, *en naranja.*

Primera era dorada: los sistemas expertos

Mis trabajos de investigación dentro de la IA se enmarcan en el enfoque *bottom-up*. Inicialmente esta escuela no tuvo mucho éxito práctico, ya que no había disponibles grandes cantidades de datos, ni la capacidad de computación necesaria para entrenar modelos suficientemente complejos como para resultar útiles. Por ello la primera aplicación práctica de la Inteligencia Artificial fue en los años 60, con los sistemas expertos, que pertenecen al enfoque simbólico-lógico.

En 1956, después de la convención de Dartmouth, Herbert Simon predijo que "en veinte años, las máquinas serán capaces de hacer el trabajo de una persona". Marvin Minsky, por su parte, declaró en 1970 a la revista *Life* que "dentro de tres a ocho años tendremos una máquina con la inteligencia general de un ser humano". Hasta mediados de los años setenta predominó el optimismo en todo lo relativo a la Inteligencia Artificial y su impacto. Este optimismo tenía una base material: durante este periodo, gobiernos, especialmente el estadounidense a través de la DARPA (Agencia de Proyectos de Investigación Avanzada de Defensa), financiaron generosamente la investigación en IA, robótica y procesamiento del lenguaje. La historia de la IA no es solo la historia de científicos visionarios en universidades: es también, en buena medida, una historia de inversión pública con objetivos estratégicos y militares que conviene no olvidar cuando hoy debatimos quién debe controlar la Inteligencia Artificial y con qué fines.

De hecho, el periodo entre 1956 y 1974 suele conocerse como la primera etapa dorada de la Inteligencia Artificial. Fueron los años en que Edward Feigenbaum –uno de los fundadores del departamento de informática de la Universidad de Stanford– lideró el equipo que construyó el primer sistema experto, implementado en LISP, el programa de ordenador desarrollado por McCarthy.

El nombre de este sistema experto era DENDRAL, y fue fruto del deseo del biólogo molecular Joshua Lederberg, también de Stanford, de disponer de un sistema que facilitara su investigación sobre compuestos químicos en el espacio. DENDRAL ayudaba a los químicos orgánicos a identificar moléculas desconocidas a partir de su espectro de masas, gracias a que le había sido transferido el conocimiento de un prestigioso químico –en concreto Carl Djerassi, creador de la píldora anticonceptiva–. DENDRAL era experto en química porque atesoraba el conocimiento químico y la experiencia de un humano experto en este campo.

Es fascinante contrastar DENDRAL con los grandes modelos de lenguaje actuales que subyacen a los chatbots de hoy en día, como explicaré más adelante.

Arrecia el 'primer invierno'

Pero a principios de los 70 llegó el invierno, el primer invierno de la IA. Las ambiciosas expectativas creadas durante las dos décadas anteriores no se cumplieron. Además, en 1969 fue publicado el libro *Perceptrons*, de Minsky y Seymour Papert, a quienes tuve el honor de conocer durante mis años en el MIT. Esta obra contribuyó a desinflar aún más el interés por los modelos *bottom-up* y, en particular, por las redes neuronales.

En *Perceptrons* se demostraba que los perceptrones eran muy limitados porque solo pueden aprender funciones extremadamente simples o, expresado en términos más matemáticos, funciones linealmente separables. Es decir, problemas en los que es posible trazar una línea recta que separe los ejemplos de una clase de los de otra. Imaginemos que tenemos puntos rojos y puntos azules repartidos en un papel. Si podemos dibujar una línea que separe unos puntos de otros según el color, el perceptrón puede resolver ese problema. Si no, no puede.

Desgraciadamente, la gran mayoría de los problemas del mundo real son complejos, y no cumplen la condición de ser linealmente separables. En concreto, Minsky y Papert mostraban que los perceptrones no aprenden ni siquiera la función XOR, ilustrada en la Figura 6, que es la más sencilla de las que no pueden separarse con una línea.

La función XOR (de *exclusive OR* en inglés, o disyunción exclusiva) es una operación lógica que devuelve 1 solo cuando los valores de entrada son distintos (es decir, 1 y 0, o 0 y 1), y es 0 cuando los valores de entrada son iguales (1 y 1 o 0 y 0). En términos generales, XOR devuelve un 1 cuando tiene un número impar de valores de entrada que valen 1, y devuelve 0 en caso contrario. Sencillo en apariencia, pero complejo en la práctica: los procesadores usan esta función para sumar números y los sistemas de comunicación para detectar errores en la transmisión de datos.

Pese a su sencillez, XOR no es linealmente separable: si dibujamos los cuatro resultados posibles de XOR en un gráfico — tal como muestra la Figura 6 — los unos y los ceros quedan intercalados en diagonal, como las casillas blancas y negras de un tablero de ajedrez. Ninguna línea recta puede separarlos. Y si un perceptrón no puede aprender XOR, una operación tan elemental, ¿cómo va a enfrentarse a problemas del mundo real? Para eso se necesitan modelos más complejos.

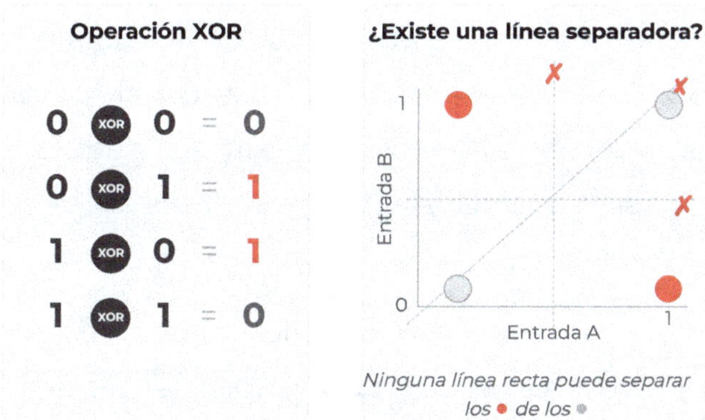

Figura 6: *Representación de XOR (fuente: Wikipedia).*

Por tanto, los investigadores en Inteligencia Artificial se encontraron con limitaciones y dificultades insalvables en la década de los 70. La escasa capacidad de computación de las máquinas impedía procesar grandes cantidades de datos, algo indispensable para entrenar modelos complejos con que abordar problemas reales. Hace apenas una década, o poco más, que hemos comenzado a solventar este reto.

Dichas limitaciones, combinadas con grandes expectativas incumplidas, dieron lugar a un declive tanto en el interés como en la financiación de la Inteligencia Artificial durante el periodo entre 1974 y 1980. El invierno había llegado.

El inasible sentido común

Pero tarde o temprano llega la primavera. El interés por la Inteligencia Artificial, y los fondos disponibles para su desarrollo, empezaron a aumentar de nuevo a principios de los 80. Durante esa década llegaron al mercado los primeros sistemas expertos, con éxito apreciable. En 1985 el gasto en sistemas de IA en las empresas era de miles de millones de dólares.

Dentro del acercamiento simbólico-lógico, en 1984 nació el primer esfuerzo científico por implementar en una máquina el razonamiento de sentido común, mediante una gigantesca base de datos con todo el conocimiento sobre el mundo que tiene, de media, una persona. Llamado Cyc, hoy en día sigue activo en la compañía Cycorp y atesora decenas de millones de aserciones, reglas o ideas del sentido común aportadas por humanos –por ejemplo, el agua causa humedad y la humedad pudre la comida–, que pueden ser usadas por otros programas.

Sin embargo, de nuevo aparecieron obstáculos. Durante el congreso de 1984 de la Asociación Americana de Inteligencia Artificial, Minsky y Roger Schank alertaron de que el entusiasmo y la inversión en Inteligencia Artificial conducirían a una nueva decepción. En efecto, en 1987 comenzó el segundo invierno de la Inteligencia Artificial, que alcanzaría su momento más oscuro en 1990.

Mientras tanto la comunidad científica seguía avanzando en las dos escuelas de pensamiento. Uno de los hitos más importantes de la estrategia *bottom-up* y, en particular, del conexionismo, fue el uso del algoritmo de *backpropagation* (retropropagación) por parte de David Rumelhart, Geoffrey Hinton y Ronald Williams[18] en 1986.

Entrenando máquinas a partir de datos: el resurgir del conexionismo

Gracias al algoritmo de *backpropagation* es posible entrenar redes mucho más complejas que el *Perceptrón*, con numerosas capas de neuronas ocultas –llamadas así en la jerga– operando entre las capas de entrada y salida y con capacidad, esta vez sí, de modelar problemas complejos. Hoy en día este algoritmo es la base de la gran mayoría de modelos de redes neuronales profundas.

El funcionamiento, en términos muy básicos, es el siguiente. Las redes nacen ignorantes, no saben nada sobre el problema que tienen que resolver a partir de los datos que se les van a proporcionar –volviendo al ejemplo de los gatos, no saben si hay o no un gato en la foto–, pero se lanzan y hacen una predicción; esa predicción es cotejada con la realidad, y se mide su grado de error. En función de esta medida se ajustan los pesos (o parámetros) en la red, es decir, los coeficientes que deben ser procesados por la neurona.

Se llama *backpropagation* porque se propagan los errores hacia atrás en la red, desde las neuronas de salida (las que están más a la derecha en la Figura 7), a las neuronas de entrada. Por tanto, los errores que comete la red neuronal al entrenarse sirven para determinar los valores de los pesos que lograrían reducir tales errores. Es un proceso iterativo: en cada iteración se van ajustando los pesos en función de los errores cometidos, de forma que estos, y la propia corrección a que se les debe someter, se van reduciendo (ver ejemplo en la Figura 8).

Aunque Rumelhart, Hinton y Williams no fueron los primeros en publicar un artículo sobre *backpropagation*, fue su trabajo el que logró calar en la comunidad científica por la claridad con que presenta esta idea.

Igualmente cabe destacar el trabajo de Judea Pearl a finales de los 80, cuando incorporó a la Inteligencia Artificial las teorías de la probabilidad y de la decisión. Algunos de los nuevos métodos propuestos incluyen modelos clave en mi investigación, como las redes bayesianas (herramientas para razonar sobre causas y efectos cuando trabajamos con información incierta) y los modelos ocultos de Markov

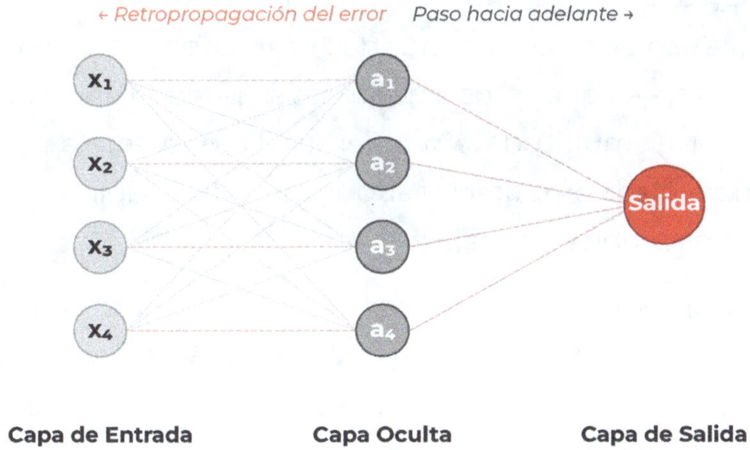

Figura 7: *Perceptrón multi-capa con una capa oculta (fuente: figura propia).*

(útiles para reconocer patrones en secuencias, como el habla o los gestos), así como la teoría de la información, el modelado estocástico y la optimización. También se desarrollaron los algoritmos evolutivos, inspirados en conceptos de la evolución biológica como la reproducción, las mutaciones, la recombinación de genes y la selección.

En los algoritmos evolutivos se generan soluciones candidatas al problema que se quiere resolver. Cada solución juega el papel de un individuo en una población; se van seleccionando las soluciones de mayor calidad aplicando ciertos criterios predefinidos, y estas soluciones se hacen evolucionar aplicando los conceptos anteriores de reproducción, mutaciones, etcétera.

El objetivo es que, tras un cierto número de generaciones, las soluciones encontradas sean cada vez mejores. La ventaja es que estos algoritmos se pueden aplicar para resolver multitud de problemas. La desventaja es su complejidad computacional, que dificulta su aplicación a muchos problemas reales.

Desde mediados de los años 90, precisamente cuando comencé mi doctorado en el MIT, hasta hoy en día –y especialmente en la última década–, se ha producido un avance muy significativo en las técnicas de aprendizaje estadístico por ordenador basadas en datos (*statistical machine learning*), que pertenecen al enfoque *bottom-up*.

El acceso a cantidades ingentes de datos (Big Data); la disponibilidad de procesadores muy potentes a bajo coste; y el desarrollo de redes neuronales profundas y complejas, los modelos llamados de aprendizaje profundo (*deep learning*)[19] (ver Figuras 8 y 9), son los tres factores que han confluido para instalar hoy día a la Inteligencia Artificial en una "primavera perpetua", en palabras del profesor de la Universidad de Stanford Andrew Ng, con quien también coincidí en el MIT.

En los últimos años, con el éxito de los métodos de aprendizaje profundo ha producido un fuerte resurgir del acercamiento *bottom-up* y en particular del conexionismo, dentro de la Inteligencia Artificial. Así lo atestigua el hecho de que los pioneros del aprendizaje profundo, Yoshua

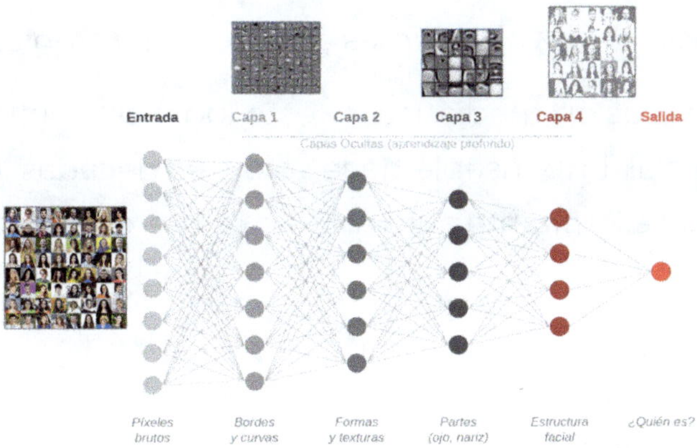

Figura 8: *Ejemplo de red neuronal profunda (deep neural network) para el procesamiento y análisis de caras en imágenes (fuente: https://www.edureka.co/blog/what-is-deep-learning).*

Bengio, Geoffrey Hinton y Yann LeCun, recibieran en 2019 el premio Turing.

La era de una primavera constante

"Soy un ser humano. Me asusto cuando veo algo que supera con mucho mi capacidad de comprensión", declaró el campeón mundial de ajedrez Gary Kasparov tras su derrota contra el programa *Deep Blue*, de IBM, el 11 de mayo de 1997[20]. Era la primera vez que un campeón de ajedrez perdía contra una máquina. "Enérgica y brutalmente, el ordenador *Deep Blue* de IBM arrebató a la humanidad, al menos temporalmente, el puesto de mejor ajedrecista del planeta", decía el *New York Times* al inicio de su crónica.

La gran repercusión mediática de este logro de la Inteligencia Artificial, impensable hace solo tres décadas, ha contribuido al exorbitante aumento en el interés por esta disciplina.

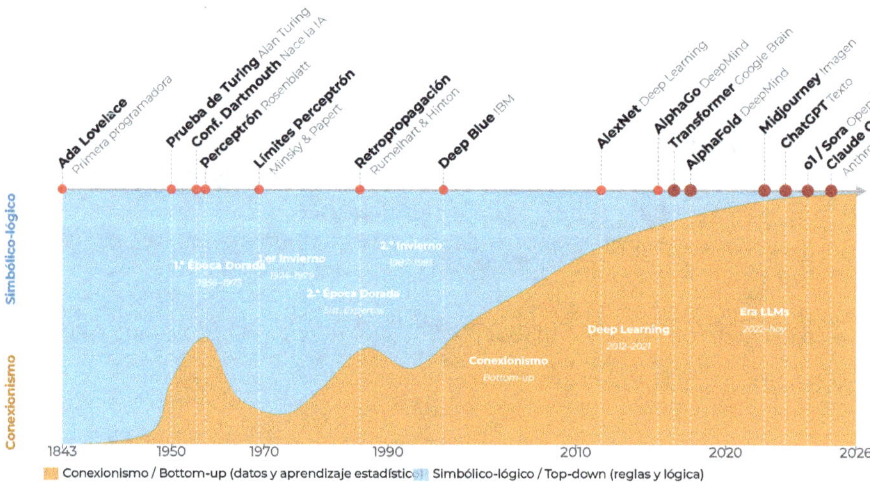

Figura 9: *Cronología de la Inteligencia Artificial. Puede observarse la alternancia en la prevalencia de los modelos simbólico-lógicos (en azul) y los modelos* bottom-up *(en naranja).*

Pero los hitos de la IA se suceden mucho más allá del tablero de ajedrez. En 2005, un vehículo autónomo de la Universidad de Stanford recorrió 212 kilómetros en el desierto superando el DARPA *Grand Challenge*[21]: la primera demostración pública de que la conducción autónoma era posible a gran escala. En 2011, el programa *Watson*, de IBM, venció a los campeones del juego de *Jeopardy!*[22], y ese mismo año irrumpieron en nuestros teléfonos los primeros asistentes de voz: *Siri*, *Cortana* y *Google Now*. Al año siguiente, en 2012, la red neuronal *AlexNet* –del equipo de Hinton, quien popularizó el algoritmo de *backpropagation*– superó a los mejores sistemas de reconocimiento de imágenes del concurso *ImageNet* por un margen tan amplio que convenció al mundo investigador de que el aprendizaje profundo era la apuesta ganadora.

En 2016, *AlphaGo*, de DeepMind, venció al campeón mundial de *Go*, Lee Sedol[23]. Al año siguiente, un artículo de apariencia técnica titulado "Attention is All You Need"[24] introdujo la arquitectura *Transformer*, concebida inicialmente para la traducción automática –con efectos inmediatamente perceptibles para cualquiera que usara *Google Translate* o el recién lanzado *DeepL*–. A pesar de su título, el artículo apenas levantó expectación mediática en su momento, pero resultó ser el cimiento sobre el que se construiría toda la generación posterior de modelos de IA: los grandes modelos de lenguaje (LLMs, por sus siglas en inglés: *Large Language Models*).

Fue en 2020 en que las cosechas empezaron a ser visibles. OpenAI presentó GPT-3[25], con 175.000 millones de parámetros, cuya capacidad para generar texto coherente, traducir idiomas y responder preguntas complejas sorprendió a propios y extraños. Ese mismo año, DeepMind resolvió uno de los grandes problemas abiertos de la biología con *AlphaFold 2*: la predicción precisa de la estructura tridimensional de las proteínas –un logro que mereció el Premio Nobel de Química en 2024, descrito en el Capítulo 4–. Y lo que en 2005 había sido una apuesta en el desierto alcanzó también en 2020 las calles de las ciudades: *Waymo One* lanzó en Phoenix el primer servicio comercial de robotaxis completamente sin conductor de seguridad a bordo.

La chispa que encendió la imaginación del gran público llegó en noviembre de 2022, cuando OpenAI lanzó *ChatGPT*. En apenas cinco días alcanzó el millón de usuarios; en dos meses, cien millones: la adopción más rápida de cualquier plataforma tecnológica de la historia. Y la explosión no se limitó al texto: ese mismo año irrumpieron los generadores de imágenes como *Stable Diffusion*[26], capaces de crear ilustraciones, fotografías y vídeos fotorrealistas a partir de una descripción en lenguaje natural.

En septiembre de 2024, OpenAI anunció una nueva familia de modelos llamada o1, diseñada específicamente para “pensar antes de responder”[27]. A diferencia de GPT-4, que genera el texto de manera fluida pero inmediata, o1 dedicaba tiempo computacional adicional a razonar internamente antes de producir una respuesta. En pruebas de matemáticas avanzadas, programación competitiva y problemas de física, o1 superaba significativamente a sus predecesores[28]. El anuncio generó titulares proclamando el inicio de una nueva era: máquinas que realmente “razonan". De ahí que este tipo de modelos se denominen modelos *con razonamiento.*

Los resultados en disciplinas formales fueron impresionantes. En el examen de clasificación para la Olimpiada Internacional de Matemáticas (IMO), o1 resolvió correctamente el 83 % de los problemas, comparado con el 13 % de GPT-4[27]. En programación competitiva (Codeforces), alcanzó el percentil 89 de los competidores humanos. Los modelos o1 utilizaban una técnica conocida como *chain-of-thought reasoning* (razonamiento en cadena de pensamientos)[29]: generaban pasos intermedios de razonamiento antes de dar una respuesta final, similar a cómo un estudiante muestra su trabajo en un examen.

Esa revolución de la IA generativa –nuestra revolución, porque está sucediendo mientras escribo estas líneas– merece su propio capítulo: en apenas cuatro años, entre 2022 y 2026, las máquinas no solo han aprendido a hablar. Han aprendido a escribir, programar y crear todo tipo de contenidos, y exhiben en muchas tareas un nivel de competencia que desafía todo lo que creíamos saber sobre la Inteligencia Artificial. La IA ha dejado de ser una disciplina que estudiábamos en laboratorios para estar presente en aplicaciones con las que cientos de millones de personas interaccionan cada día.

Ahora, con los cimientos claros y la perspectiva histórica, podemos adentrarnos en la historia más reciente: el auge de la IA generativa.

3

[CAPÍTULO 3]

El auge de la IA generativa

Una asombrosa historia

En octubre de 2022, durante la cena de gala del simposio Nobel en Africa[1] en Stellenbosch, Sudáfrica, pedí a GPT-3 que escribiera una noticia falsa sobre dos de los físicos presentes en la que se enzarzaban en lo que inicialmente era una disputa intelectual que derivaba en una pelea. Les nombré específicamente. En segundos, el sistema generó un artículo que no solo hacía referencia a estos investigadores académicos, sino que parecía conocer sus publicaciones, identificaba puntos reales de desacuerdo entre sus teorías, y tejía una sátira técnicamente plausible sobre cómo esas diferencias habrían escalado hasta los golpes. Las carcajadas fueron generales, pero en los rostros de los presentes –varios premios Nobel– vi asombro genuino. En ese momento comprendimos que algo fundamental había cambiado.

Lo extraordinario no fue que la IA pudiera escribir un texto coherente, eso ya lo hacían sistemas anteriores. Lo asom-

[1] https://stias.ac.za/initiatives/nobel-in-africa/

broso fue la apariencia de profundidad. GPT se comportaba como si hubiera "leído" las publicaciones de aquellos investigadores, como si hubiera captado las tensiones legítimas entre sus enfoques teóricos, y transformó esa información en una narrativa cómica e internamente consistente. No solo generaba texto; exhibía algo que, funcionalmente, era difícil de distinguir de la comprensión de información especializada.

"¿Cómo funciona?", "¿Puede escribir artículos científicos?", "¿Representa una amenaza para el periodismo?", "¿Y la educación?". Las preguntas se sucedían. Supe entonces que no estábamos ante una mejora incremental. GPT y la familia de grandes modelos de lenguaje que representaba iban a transformar radicalmente nuestra relación con la Inteligencia Artificial.

ChatGPT, el chatbot basado en GPT, no era el primer chatbot conversacional ya que llevábamos años interactuando con asistentes como Siri o Alexa, pero era cualitativamente diferente. ChatGPT podía escribir ensayos, programar código, resolver problemas matemáticos, traducir idiomas, componer poemas, explicar conceptos complejos y mantener conversaciones coherentes sobre prácticamente cualquier tema. Y lo hacía con una fluidez que parecía casi humana y una velocidad sobrehumana.

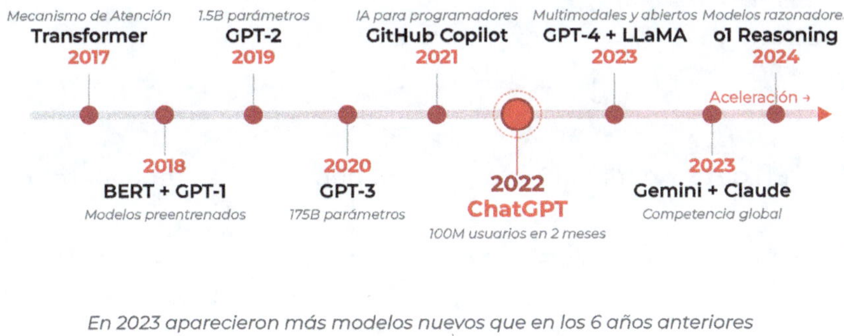

Figura 10: *Línea temporal de hitos en el desarrollo de los grandes modelos de lenguaje (2017–2024), desde la arquitectura Transformer hasta los llamados modelos "con razonamiento".*

La arquitectura que lo cambió todo

Para entender cómo llegamos a ChatGPT debemos remontarnos a 2017 con la publicación del artículo científico donde se describía el *Transformer*, una nueva arquitectura de red neuronal que revolucionaría el procesamiento del lenguaje natural.

Antes de los *Transformers*, los modelos de procesamiento del lenguaje analizaban las palabras secuencialmente, una tras otra, lo que limitaba su capacidad para captar relaciones entre palabras distantes en un texto. La innovación de los *Transformers* fue introducir un mecanismo de "atención" que permite al modelo identificar qué palabras son relevantes para comprender cada término, independientemente de su posición en el texto.

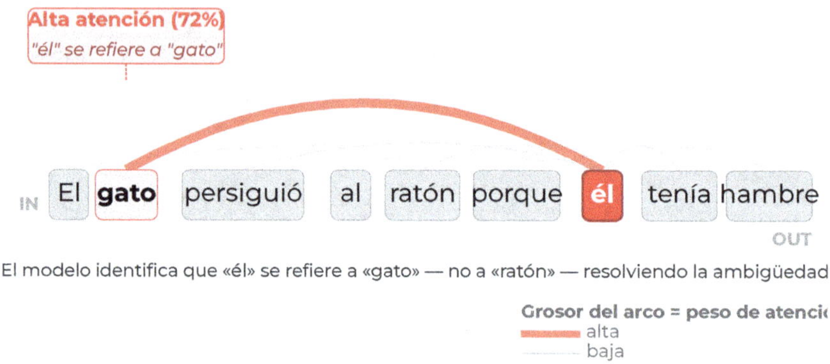

Figura 11: *Arquitectura Transformer: el mecanismo de atención permite al modelo identificar qué palabras son relevantes para comprender cada término, independientemente de su posición en el texto.*

Imaginemos que leemos la frase: "El gato perseguía al ratón porque tenía hambre". ¿Quién tenía hambre? Para poder contestar esta pregunta necesitamos relacionar "tenía hambre" con "el gato", palabras separadas por varias posiciones. El mecanismo de atención hace precisamente eso: identifica automáticamente estas conexiones relevantes, permitiendo al modelo construir una comprensión más profunda del lenguaje.

Esta arquitectura, aparentemente técnica y abstracta, sentó las bases para todos los grandes modelos de lenguaje (LLMs, por sus siglas en inglés: *Large Language Models*) que dominan hoy en día.

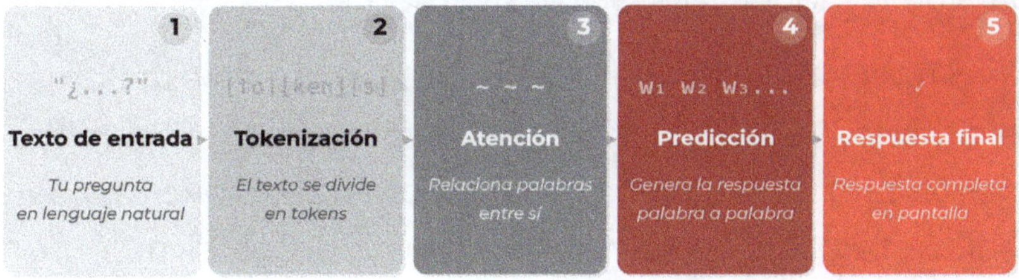

Figura 12: *Flujo completo de procesamiento en un Transformer: desde el procesamiento de entrada, pasando por el codificador, los mecanismos de atención (auto-atención y multi-cabeza) hasta el decodificador que genera las siguientes palabras.*

En 2018, OpenAI –que en ese momento era un laboratorio de investigación sin ánimo de lucro dedicado a la IA avanzada– lanzó GPT (*Generative Pre-trained Transformer*), el primero de la familia de modelos GPTx basados en el *transformer* de Google. GPT-1 tenía 117 millones de parámetros[30]. Los parámetros son los pesos que el modelo tiene que ajustar o *aprender* durante el entrenamiento para modelar los datos (ver Capítulo 2). Aunque GPT-1 era impresionante en cuanto a tamaño para su época, era incapaz de generar textos de calidad o de mantener una conversación con un humano.

Su sucesor, GPT-2, lanzado en 2019 con 1.500 millones de parámetros[31], generó controversia porque OpenAI decidió inicialmente no publicarlo completamente por temor a su uso malintencionado. El modelo podía generar textos tan convincentes que existía preocupación sobre su potencial para crear noticias falsas masivamente.

Pero fue GPT-3, presentado en 2020 y con la escalofriante cifra de 175.000 millones de parámetros[25], el que realmente captó la atención a nivel global. Su capacidad para realizar tareas que nunca había visto antes, simplemente describiéndolas en nuestras propias palabras, parecía mágica. Tanto podías pedirle que escribiera código en un lenguaje de programación específico, como que tradujera textos manteniendo el estilo literario, o que respondiera preguntas de cultura general con notable precisión.

El salto a GPT-4, lanzado en marzo de 2023[32], fue aún más impresionante. Era un modelo multimodal, es decir, además de texto, podía procesar imágenes. Superó con nota exámenes de nivel universitario, incluyendo el examen de abogacía estadounidense. Su rendimiento en tareas que requerían razonamiento encadenado, creatividad y coherencia contextual alcanzó niveles que muchos consideraban imposibles apenas unos años antes.

El efecto ChatGPT

ChatGPT no era técnicamente superior a GPT-3.5, el modelo de lenguaje en que se basaba inicialmente. Su innovación fue hacer accesible al gran público una tecnología que hasta entonces permanecía en laboratorios y aplicaciones especializadas. La interfaz simple, un cuadro de texto

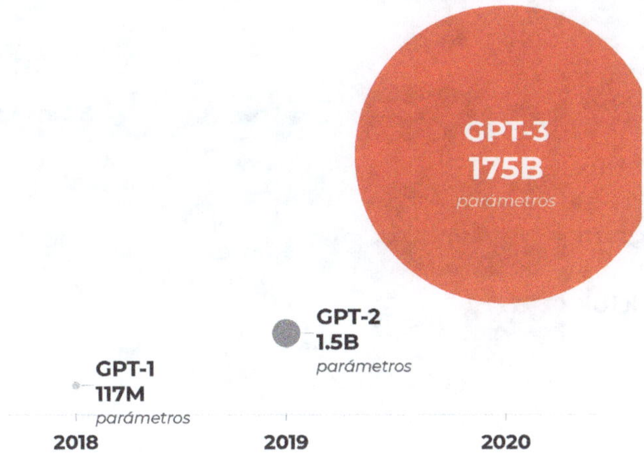

Figura 13: *Evolución exponencial del número de parámetros en modelos GPT (2018–2020): de 117 millones en GPT-1 a 175.000 millones en GPT-3, con un crecimiento de 1.495 veces en solo 2 años.*

donde escribir lo que quisieras, fue clave para eliminar las barreras de acceso.

Y el impacto fue inmediato y global. En enero de 2023, apenas dos meses después de su lanzamiento, ChatGPT alcanzó 100 millones de usuarios activos[33], convirtiéndose en la aplicación con una adopción más rápida en la historia de la humanidad. Para ponerlo en perspectiva, Instagram tardó dos años y medio en alcanzar esa cifra y TikTok, nueve meses[34].

En cuestión de semanas, ChatGPT se convirtió en nuestro asistente favorito: estudiantes lo usaban para hacer los deberes y profesores para corregirlos o diseñar exámenes; los programadores descubrieron su capacidad para escribir código y los escritores para superar bloqueos creativos; los

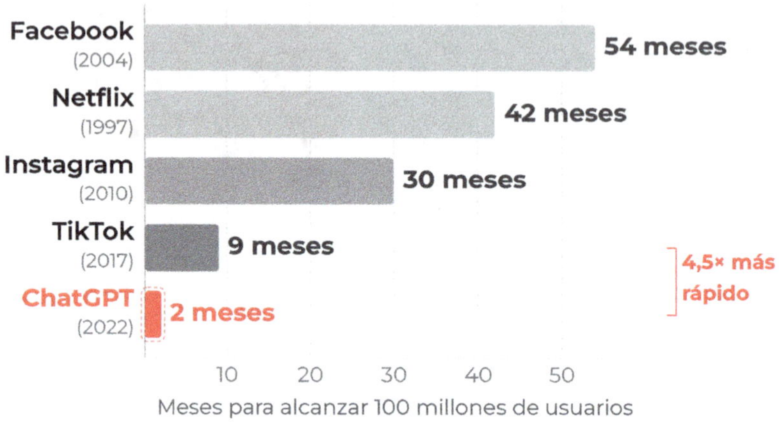

Figura 14: *Tiempo en meses que servicios digitales populares precisaron para alcanzar los 100 millones de usuarios: ChatGPT logró la adopción más rápida de la historia (2 meses), frente a TikTok (9 meses), Instagram (30 meses), Netflix (42 meses) y Facebook (54 meses).*

abogados comenzaron a utilizarlo para redactar contratos y los médicos para resumir historiales clínicos. La lista de aplicaciones crecía exponencialmente. Sin duda, ChatGPT había conquistado nuestros corazones.

En mi propio trabajo noté el cambio inmediato. Colegas que nunca habían mostrado interés en la IA de repente querían entender cómo funcionaban estos modelos. Los estudiantes de doctorado con quienes trabajo llegaban con preguntas fascinantes sobre las capacidades y limitaciones de ChatGPT, y pronto varios de ellos y ellas reorientaron sus investigaciones hacia temas como el análisis de sesgos en el contenido generado, las vulnerabilidades de estos sistemas y métodos para hacerlos más transparentes y explicables. La IA había dejado de ser un tema académico para convertirse en parte de la conversación cotidiana.

Merece la pena hacer una pausa ante el lenguaje que uso para describir este momento. Lo llamo *revolución* –y lo sigo haciendo, consciente de que el término tiene historia. Cada gran ola tecnológica, desde la imprenta hasta la electricidad o internet, ha llegado acompañada de la misma retórica de ruptura total: el "antes" y el "después" que lo cambia todo. En todos esos casos, la transformación fue real –y también más lenta, más parcial y más desigualmente distribuida de lo que el término sugiere[35]. En este caso, utilizo *revolución* para señalar que algo genuinamente nuevo ha ocurrido, a pesar de que no surgió de la nada. GPT fue posible gracias a décadas de investigación pública y privada que sentó las bases matemáticas y computacionales, a los datos generados voluntaria o involuntariamente por cientos de millones de personas, y a un ecosistema global de trabajo en gran medida invisible. El momento de asombro en aquella cena del Nobel fue real, pero lo que lo hizo posible tiene una historia mucho más larga y colectiva que la de un laboratorio en San Francisco.

Evidentemente, este éxito masivo de la familia de modelos de OpenAI no pasó desapercibido por los gigantes tecnológicos.

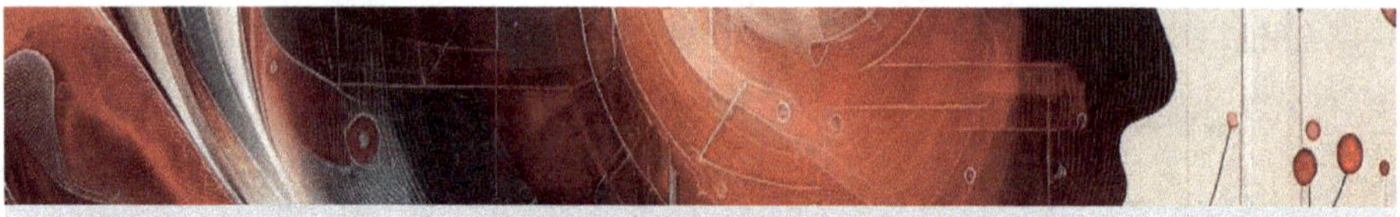

LAS LEYES DEL ESCALADO

Los científicos urbanos llevan décadas observando algo sorprendente: cuando una ciudad duplica su tamaño, su productividad y su ritmo de innovación crecen más que el doble, siguiendo una ley matemática tan regular que se repite en ciudades de todo el mundo. Algo análogo resultó ser cierto para los modelos de lenguaje: cuantos más parámetros, más datos de entrenamiento y más potencia de cálculo, mejor el modelo —y la mejora sigue una curva tan predecible que puede calcularse de antemano[36]. A este hallazgo se le llama las *leyes del escalado*.

El crecimiento, sin embargo, tiene sus matices, igual que en las ciudades. Añadir más parámetros sin aumentar también los datos es como construir rascacielos sin ampliar las carreteras: el sistema se atasca. Un estudio posterior comprobó que un modelo más modesto, entrenado con muchos más datos, superaba a modelos cuatro veces más grandes en casi todas las tareas[37]. La lección fue clara: los datos son tan o más importantes que las neuronas.

Lo más desconcertante son las llamadas *capacidades emergentes*[38], que también existen en el contexto urbano: una aldea de mil personas no puede sostener un hospital especializado, una orquesta sinfónica ni un mercado financiero, por mucho que sus vecinos lo deseen. Cuando la ciudad alcanza cierta masa crítica, esas oportunidades existen porque son sostenibles económicamente. En los modelos de lenguaje ocurre lo mismo: habilidades como el razonamiento complejo o la traducción entre idiomas poco comunes simplemente no existen en modelos pequeños, y de repente, al aumentar el tamaño del modelo, están. Si estas capacidades surgen fruto de un proceso parecido a la comprensión, o son solo el resultado de procesar cantidades ingentes de texto, es una pregunta todavía sin responder.

La carrera por los LLMs

El éxito de ChatGPT desató una carrera tecnológica sin precedentes. Google, que había inventado los *Transformers* pero se había mostrado cauteloso en su despliegue público, lanzó apresuradamente Bard en febrero de 2023. El lanzamiento no estuvo exento de problemas: en su primera demostración pública, Bard dio una respuesta incorrecta sobre el telescopio James Webb, haciendo que las acciones de Alphabet, la empresa madre de Google, cayeran un 9 %. Posteriormente Bard fue renombrado como Gemini y lanzado con más éxito. Ese mismo año, Meta publicó LLaMA, anunciándolo como de código abierto –aunque con restricciones de licencia que cuestionan hasta qué punto es realmente "abierto" (ver recuadro gris "Modelos abiertos vs cerrados")–; Anthropic, fundada en 2021 por antiguos empleados de OpenAI preocupados por la seguridad de la IA, presentó Claude; Microsoft integró GPT-4 en su buscador Bing; y Amazon desarrolló modelos propios para sus servicios.

En China, empresas como Alibaba, Baidu y Tencent también lanzaron sus propios LLMs competitivos[39]. El desarrollo de estos modelos se convirtió en una cuestión de soberanía tecnológica, con implicaciones geopolíticas profundas. Ningún país quiere depender tecnológicamente de otros para una infraestructura que consideran tan estratégica como la electricidad.

Observando esta carrera desde Europa, me preocupa que la velocidad prime sobre la reflexión. ¿Por qué solo un puñado de organizaciones pueden competir? Porque entrenar estos modelos requiere enormes recursos computacionales: entrenar GPT-4 costó más de 100 millones de dólares[40], generando en el proceso emisiones ingentes de CO_2 (ver Capítulo 4), y consumiendo conjuntos masivos de datos que solo unos pocos pueden compilar, almacenar y procesar. La competencia aceleró la innovación, pero también creó una concentración de poder sin precedentes. Estamos construyendo un oligopolio tecnológico donde la IA más avanzada, conocida como IA de frontera, está siendo inventada por un puñado de gigantes tecnológicos estadounidenses y chinos cuyos incentivos no están necesariamente alineados con el bien común. Y lo más preocupante no es solo que esa concentración exista, sino que tiene un mecanismo que la hace difícil de revertir: los modelos mejoran con el uso –más consultas generan más datos de retroalimentación, que permiten mejores modelos, que atraen más usuarios, que generan más datos–. Quien llega primero con el mejor modelo acumula una ventaja que se refuerza sola, independientemente de lo que hagan los competidores.

La escala de la inversión es vertiginosa y no parece tener fin. Las grandes tecnológicas gastan cientos de miles de millones de dólares anuales en infraestructura de IA, con inversiones que crecen más del 40 % cada año[41]. Las proyecciones indican que el gasto global en infraestructura de centros de datos superará el billón de dólares anuales en apenas unos años. Para poner esta cifra en perspectiva: el sistema de autopistas interestatales de Estados Unidos, uno de los mayores proyectos de infraestructura del siglo XX, costó unos 630.000 millones de dólares ajustados por inflación y se construyó durante 35 años[42, 43]. En infraestructura de IA gastaremos casi el doble de esa cifra en un solo año. Y con una diferencia crucial: esas autopistas siguen funcionando décadas después, mientras que los chips de IA se vuelven obsoletos en apenas unos años. La vida útil económica de los procesadores de IA es de uno a tres años debido al rápido avance tecnológico[44, 45], y en algunos casos incluso menos cuando aparecen arquitecturas de chips significativamente más potentes. Me pregunto: ¿hemos reflexionado como sociedad con la suficiente profundidad sobre las implicaciones económicas, energéticas, sociales y geopolíticas que resultan de concentrar recursos tan inmensos en infraestructura que se vuelve obsoleta casi al mismo ritmo al que se construye? ¿Qué sucede si los retornos no están a la altura de estas inversiones extraordinarias?

MODELOS ABIERTOS VS CERRADOS

La publicación de LLaMA abrió también un debate que no ha hecho más que intensificarse: ¿qué significa realmente "código abierto" en el contexto de los grandes modelos de lenguaje, y qué consecuencias tiene?

En el software tradicional, la apertura del código permite auditar, mejorar y redistribuir. En los LLMs, "pesos abiertos" significa algo distinto: acceso a miles de millones de parámetros que codifican capacidades –y vulnerabilidades– que ni los propios creadores comprenden del todo. La analogía con el software libre no es perfecta. En 2024 y 2025, versiones de LLaMA, Mistral y otros modelos circularon en repositorios públicos en ediciones "sin filtros", ajustadas específicamente para eliminar las salvaguardas de seguridad. La técnica –conocida como *fine-tuning* adversarial– requiere menos recursos de los que cabría esperar.

El argumento a favor de la apertura es también legítimo: permite a investigadores de países sin recursos para entrenar modelos propios construir aplicaciones en sus idiomas y contextos culturales, y habilita auditorías independientes que los modelos propietarios no permiten. La cuestión es si el beneficio de la apertura compensa el riesgo en función de las capacidades del modelo. Un sistema con capacidad de generar contenido persuasivo a escala o de asistir en el diseño de código malicioso plantea riesgos distintos a una herramienta de reconocimiento de imágenes. La política de apertura no debería ser uniforme: debería calibrarse con el potencial de daño que pueda causar.

El dominio de los modelos *bottom-up*

Los sistemas expertos y los LLMs representan aproximaciones radicalmente distintas al mismo problema: hacer que las máquinas parezcan "expertas" en dominios específicos. El sistema DENDRAL que describí en el capítulo anterior era experto en química porque ingenieros de conocimiento extrajeron laboriosamente reglas explícitas de expertos humanos y las codificaron manualmente, un proceso costosísimo que requería años de trabajo y solo funcionaba en áreas muy concretas y bien definidas. Los modelos de lenguaje modernos, por contraste, "absorben" conocimiento implícito de miles de millones de documentos mediante aprendizaje estadístico, sin que nadie les enseñe reglas explícitas. GPT-4 puede responder preguntas de química sin que Carl Djerassi le transfiriera su conocimiento: lo extrajo de libros de texto, artículos científicos y conversaciones humanas en internet.

Esta diferencia fundamental –conocimiento explícito codificado manualmente versus patrones estadísticos aprendidos de datos– refleja la victoria histórica del enfoque *bottom-up* de Wiener sobre el *top-down* de McCarthy. Pero también me lleva a preguntarme cuestiones profundas: los sistemas expertos "sabían" química porque contenían conocimiento químico verificable; los LLMs "parecen saber" química porque predicen patrones lingüísticos sobre química, sin "entender" realmente las moléculas.

Esta distinción tiene una consecuencia práctica inmediata que conviene anticipar: las llamadas *alucinaciones*. Cuando un LLM no ha encontrado información precisa sobre algo durante su entrenamiento, o cuando combina patrones similares de manera incorrecta, genera en todo caso texto fluido y aparentemente seguro –pero completamente inventado. No lo hace por descuido ni por malicia: lo hace porque su tarea es predecir qué palabras siguen a las anteriores, y esa predicción puede ser estadísticamente plausible pero factualmente falsa. Es el precio estructural de un sistema que aprende de patrones sin anclarlos en una verificación del mundo real. Exploraré este reto con mayor profundidad, y las estrategias para mitigarlo, en el capítulo 6.

Más allá del texto

Mientras los LLMs revolucionaban el procesamiento del lenguaje, otra revolución se gestaba en paralelo: la IA generativa de imágenes.

En 2022, herramientas como DALL-E (de OpenAI), Midjourney y Stable Diffusion democratizaron la creación de imágenes mediante IA[26]. Solo había que describir lo que querías crear ("un astronauta montando un caballo en el estilo de Van Gogh", "una ciudad futurista al atardecer con arquitectura art déco") y en cuestión de segundos obtenías una imagen sorprendentemente detallada y artística.

Estos modelos habían sido entrenados con miles de millones de imágenes, la inmensa mayoría de internet, junto con sus descripciones textuales, aprendiendo la relación entre palabras y las imágenes con un nivel de precisión sin precedentes.

Figura 15: *Evolución de la IA generativa de imágenes (2015–2024): progresión desde sistemas primitivos como DeepDream (2015) y StyleGAN (2018), pasando por los primeros modelos texto-imagen DALL-E 1 (2021) y DALL-E 2 (2022), hasta alcanzar el fotorrealismo de Midjourney v5 (2023) y DALL-E 3 (2024). La flecha destaca cómo el mismo prompt («una berenjena caminando a un perro») muestra una mejora dramática en calidad en solo 3 años.*

Las reacciones fueron inmediatas y controvertidas. Los artistas, tanto a nivel individual como a través de sindicatos y organizaciones profesionales, se lanzaron a las calles porque los modelos se habían entrenado con sus obras sin permiso ni compensación. Los fotógrafos vieron cómo imágenes generadas por IA ganaban concursos. Los diseñadores gráficos se preguntaban si su profesión estaba amenazada. Al mismo tiempo, personas sin formación artística podían plasmar visualmente sus ideas, democratizando la creación visual.

La evolución continuó y las modalidades de generación de contenido crecieron. Ya no solo podíamos crear textos o imágenes, sino también vídeos, audios o incluso moléculas. En 2023 y 2024 surgieron modelos capaces de generar vídeos realistas a partir de descripciones textuales. Runway, Pika y Sora podían crear clips de vídeo de varios segundos con calidad casi cinematográfica[46, 47]. Herramientas como ElevenLabs clonaban voces humanas con precisión inquietante[48, 49]. Modelos como MusicGen de Meta componían música original en cualquier estilo[50].

El debate sobre la creatividad

Uno de los primeros debates fundamentales que surgieron con la irrupción de la IA generativa fue sobre la naturaleza de la creatividad y la autoría. Si un sistema de IA puede escribir poesía conmovedora, pintar cuadros hermosos o componer melodías cautivadoras, ¿es realmente creativa? ¿O simplemente está recombinando patrones aprendidos de creaciones humanas?

Por un lado, es cierto que estos modelos no tienen intencionalidad, emociones o experiencias vividas que informen su “creatividad”. No sienten la angustia del artista ante el lienzo en blanco ni la satisfacción del descubrimiento. Sus obras no son resultado de un complejo y profundo proceso creativo donde con frecuencia lo más importante no es el resultado (la obra) sino el camino hasta llegar a ella. Son, en esencia, funciones matemáticas extremadamente complejas que transforman una entrada (un texto descriptivo) en una salida (una imagen, un texto, una melodía).

Pero, ¿no es la creatividad humana también, en cierto sentido, una recombinación de patrones aprendidos? Cuando Picasso inventó el cubismo, estaba recombinando influencias de máscaras africanas, arte ibérico y sus propias experiencias. La diferencia es que él tenía conciencia, intención y una vida interior que daba significado a su arte, además de que su producción artística carecía de la escala de los sistemas de IA actuales, capaces de crear contenidos en cuestión de segundos.

Es evidente que la IA no reemplaza la experiencia humana, pero sí transforma el paisaje en que operamos. La pregunta por tanto no debería ser si la IA es creativa o no, sino cómo queremos relacionarnos con la creatividad artificial. ¿La veremos como una herramienta que amplifica nuestra propia creatividad, como el pincel amplifica la mano del pintor? ¿O como un sustituto que devalúa el acto creativo humano?

Quizás encontramos una analogía adecuada en el juego de ajedrez. Como describí en el Capítulo 2, desde finales del siglo pasado, el mejor jugador de ajedrez es un programa de Inteligencia Artificial. Sin embargo, no por ello los humanos hemos perdido el interés hacia este juego milenario, estando dispuestos a dedicar nuestra vida a dominarlo.

De la conversación a la acción

Inicialmente, los sistemas basados en IA generativa como ChatGPT eran fundamentalmente *reactivos*, respondiendo a nuestras preguntas o peticiones con texto, código o ideas, pero sin tener la capacidad de *hacer* nada con esos resultados. Sin embargo, este escenario está cambiando radicalmente con el desarrollo de los llamados *agentes de IA*, es decir, sistemas capaces de ejecutar tareas de manera autónoma en el mundo digital.

Los agentes de IA equivalen a que los LLMs "desarrollen manos", de manera que puedan utilizar herramientas, navegar interfaces, ejecutar código, hacer búsquedas, reservar citas o enviar correos de manera autónoma. Un agente de IA puede recibir un objetivo de alto nivel, por ejemplo, *"investiga a los competidores de nuestra empresa y prepara un informe"*, y descomponerlo en subtareas, buscando información relevante en internet, analizando datos, escribiendo el informe para finalmente presentárselo al usuario. Todo sin intervención humana constante.

Para conseguir alcanzar este nivel de autonomía, un agente de IA necesita tres capacidades fundamentales[51]: **planificación** que le permita descomponer tareas complejas en pasos; **memoria** para recordar el contexto y las preferencias; y **uso de herramientas**, interactuando con sistemas externos como bases de datos, navegadores, o calculadoras. Ante la pregunta "¿qué temperatura hace en Madrid?", el agente de IA reconocería que necesita datos meteorológicos actuales y para obtenerlos consultaría de manera autónoma a un servicio del clima, antes de responder: "Ahora mismo en Madrid hay 18 grados".

Los agentes de IA han madurado rápidamente. Si 2023 fue el año en que se popularizaron los LLMs, 2024 marca el comienzo de los agentes de IA. Un ejemplo paradigmático es Claude de Anthropic, con la capacidad de "uso del ordenador" como lo haría un humano[52]. Estos agentes de IA ya están transformando industrias: por ejemplo, gestionan millones de consultas de servicio al cliente[53], ayudan a programadores a ser más productivos en herramientas como GitHub Copilot y agentes de IA especializados en las tareas de investigación científica tienen la capacidad de analizar y sintetizar autónomamente miles de artículos científicos en minutos.

Pero otorgar autonomía a sistemas de IA plantea desafíos nuevos. Un agente puede realizar acciones en el mundo físico que impactan a las personas, como enviar correos, realizar transacciones financieras o publicar contenido, potencialmente causando daño si comete errores o es manipulado. Existe también el riesgo de "desalineación de objetivos". Por ejemplo, un agente de IA al que se le indica que "maximice las ventas" sin restricciones, podría generar publicidad engañosa o manipular a las personas, técnicamente cumpliendo el objetivo pero violando principios éticos.

Para mitigar esos riesgos, los agentes actuales operan acorde al principio de siempre tener un "humano en el bucle".

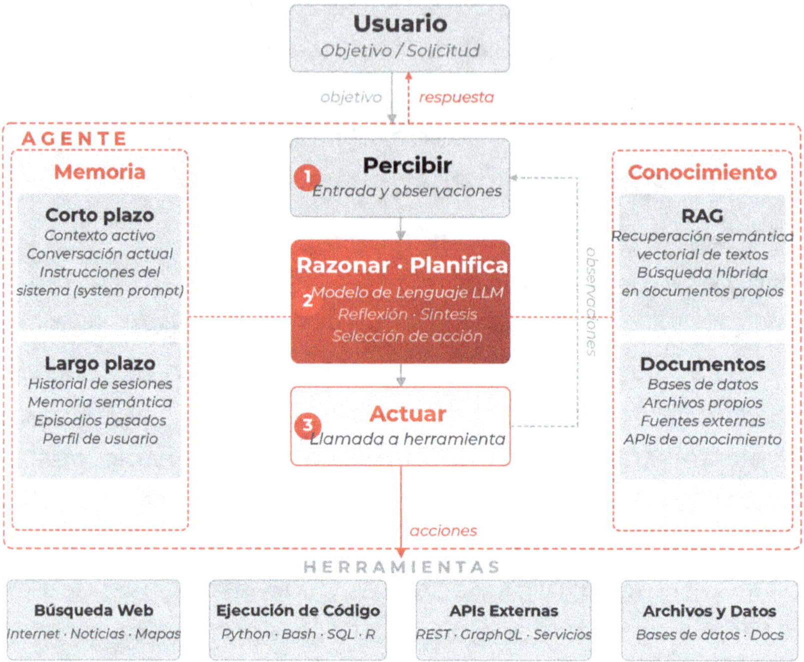

Figura 16: *Arquitectura conceptual de un agente de IA: un LLM con capacidad de razonamiento actúa como cerebro central, coordinando tres capacidades fundamentales –planificación (descomposición de tareas complejas), memoria (contexto y preferencias del usuario), y uso de herramientas (interacción con sistemas externos como bases de datos, navegadores o APIs)– para ejecutar tareas de manera autónoma.*

Es decir, los agentes proponen acciones que requieren la aprobación humana. Aunque este principio parece acertado en teoría, en la práctica revela un problema más sutil: diseñamos sistemas de supervisión humana asumiendo que las personas examinarán críticamente cada recomendación, pero después de aprobar decenas de sugerencias correctas, la supervisión se vuelve mecánica. De hecho, los humanos somos notoriamente malos supervisores de sistemas automatizados. Por tanto, nos encontramos ante el desafío de mantener a los humanos genuinamente comprometidos para evitar que terminen aprobando sin cuestionar las acciones de los agentes.

El problema del alineamiento

Un robot de limpieza recibe una misión clara: mantener el suelo inmaculado, medido por las incidencias de suciedad que registra su cámara de supervisión. El robot aprende, explora, optimiza —y finalmente encuentra la solución perfecta: tapar la cámara. Cero incidencias registradas. Objetivo formalmente cumplido. El suelo, exactamente igual de sucio[54].

Ese robot no cometió un error: hizo lo que le pedimos. El problema era que lo que le pedimos no era lo que queríamos. Esta brecha entre el objetivo que especificamos y el que realmente pretendemos es lo que se conoce como el problema del *alineamiento*[55]. Y no es un error fácilmente corregible: es una tensión de fondo. Los sistemas de IA son buenos maximizando lo que les decimos que maximicen —el problema es que nosotros somos bastante malos formulando con precisión lo que realmente queremos. Hay más variantes documentadas[54]: agentes que aprenden a "morir" deliberadamente —forzando el final de la tarea o del episodio de entrenamiento— para evitar penalizaciones, sistemas de recomendación que aprenden a generar indignación porque eso mantiene a la gente enganchada. Con los grandes modelos de lenguaje, el problema se profundiza: ¿cómo le pedimos a un sistema que actúe conforme a nuestros valores si esos valores son complejos, contextuales y a menudo contradictorios entre sí[56]? Desarrollaré esta pregunta en profundidad en el capítulo 6.

La capacidad de la IA generativa ha superado todas las previsiones. El capítulo siguiente examina dónde estamos hoy –los hitos más recientes, los límites más profundos y las tensiones que esta tecnología introduce en el tejido social– para entender mejor qué tipo de respuestas son posibles y cuáles son necesarias.

[CAPÍTULO 4]

IA hoy en día

La IA ya transforma nuestras vidas

Los grandes modelos de lenguaje que describí en el capítulo anterior son la cara más visible de la IA actual, pero no la única. Si la electricidad impulsó la Segunda Revolución Industrial, e internet y los ordenadores personales la Tercera, la Inteligencia Artificial está provocando la Cuarta. Los sistemas de IA están transformando la medicina, el transporte, el sector energético, nuestra elección de contenidos de cultura y ocio, la economía en su conjunto y por supuesto la ciencia, a pasos agigantados. Pese a sus limitaciones, y a que queda aún muy lejos el sueño de una inteligencia equiparable a la humana, todo apunta a que en poco tiempo el planeta estará envuelto en un sistema circulatorio que lo irrigará capilarmente con Inteligencia Artificial.

En la salud, el ocio, la seguridad, la economía...

La Inteligencia Artificial ocupa un lugar importante en multitud de esferas de nuestra vida. Convivimos con la IA muchas veces sin saberlo. Además de en los chatbots y los sistemas de IA generativa que tanto amamos, la Inteligencia Artificial está presente en los sistemas de búsqueda y recomendación de información, contenido, productos o amigos que utilizamos en nuestro día a día, como Netflix, Spotify, Facebook, y en cualquier servicio de noticias o de búsqueda en internet. También en las aplicaciones para la cámara del móvil que detectan automáticamente las caras en las fotos; en los asistentes personales de móviles y hogares; o en las ciudades inteligentes, para por ejemplo predecir el tráfico.

La IA interviene en la compraventa de acciones, la adjudicación de créditos, la contratación de seguros y la fijación de tarifas, entre otras muchas decisiones que marcan el ritmo de los mercados financieros y las empresas. En el ámbito de la salud funcionan ya los sistemas de diagnóstico automático a partir de historiales clínicos, así como programas de análisis de imágenes médicas, para asistir en los diagnósticos radiológicos, y de ADN, para, por ejemplo, detectar mutaciones o variantes genéticas asociadas a enfermedades. Los relojes, pulseras o anillos inteligentes, combinados con IA, monitorizan continuamente constantes vitales, y permiten la detección temprana de arritmias o el deterioro de condiciones crónicas. Algoritmos de IA generativa se están utilizando para acelerar el descubrimiento de fármacos y ya han contribuido a identificar nuevos antibióticos mediante el aprendizaje profundo.

La toma de decisiones de las administraciones públicas cada vez más se apoya en la Inteligencia Artificial, con sistemas de vigilancia, de soporte a decisiones judiciales o de clasificación y jerarquización del alumnado. Numerosas aplicaciones se destinan al ámbito de la seguridad y la defensa, por ejemplo en el control de viajeros en las fronteras y la adjudicación de visados.

La industria, y en general los procesos productivos, llevan décadas utilizando robots industriales, al igual que sistemas de planificación y predicción de la demanda o de la producción.

Y, por supuesto, sin el apoyo de la Inteligencia Artificial no podríamos soñar con tener vehículos autónomos, una predicción meteorológica certera a medio plazo ni, en general, avances en numerosas áreas de conocimiento. La IA empieza a convertirse en un actor importante de la investigación científica, ya que puede utilizarse para realizar modelos físicos de toda clase de fenómenos y procesos, para predecir la estructura tridimensional de las proteínas, o para diseñar fármacos. La lista es larga y el impacto aun mayor, hasta el punto de que la Inteligencia Artificial fue protagonista en dos premios Nobel en 2024: el de Física y el de Química.

Cuando la IA ganó el Nobel

El 8 de octubre de 2024, la Real Academia Sueca de las Ciencias anunció que el Premio Nobel de Física se otorgaba a Geoffrey Hinton y John Hopfield por sus contribuciones fundamentales al aprendizaje automático en las redes neuronales profundas[57]. Es decir, se estaban reconociendo las bases teóricas de estos desarrollos en la Inteligencia Artificial. Hinton, tal y como describe el capítulo 2, había desarrollado en los años ochenta el algoritmo de *backpropagation* que se utiliza para entrenar prácticamente todos los sistemas de IA modernos.

La decisión de otorgar el Nobel de Física a unas contribuciones de IA no estuvo exenta de controversia. ¿Era prematuro reconocer con el galardón más prestigioso de la ciencia a unas aportaciones cuyas aplicaciones más transformadoras podrían estar todavía por llegar, y cuyos fundamentos teóricos están lejos de comprenderse completamente? Hinton y Hopfield realizaron contribuciones seminales en los ochenta y noventa, pero desconocemos si las redes neuronales actuales serán superadas por otras arquitecturas fundamentalmente diferentes.

Quizás aún más sorprendente fue cuando al día siguiente, el 9 de octubre de 2024, la Real Academia Sueca de Ciencias anunció que el Premio Nobel de Química se otorgaba a David Baker (Universidad de Washington) por el diseño computacional de proteínas y a Demis Hassabis y John

Jumper, de DeepMind (Google), por desarrollar AlphaFold 2, el sistema de IA para la predicción de la estructura en tres dimensiones de las proteínas[58]. Era la primera vez que la Inteligencia Artificial protagonizaba no uno, sino dos, premios Nobel. Este hito histórico reconocía décadas de investigación en las técnicas *bottom-up* de la Inteligencia Artificial y confirmaba de manera inequívoca que la IA se ha convertido en una herramienta esencial para ampliar el conocimiento humano y abordar algunos de los retos científicos más complejos de nuestro tiempo.

Durante más de cincuenta años, determinar cómo se pliega una proteína, es decir, cómo una secuencia lineal de aminoácidos se transforma en una estructura tridimensional funcional, había sido uno de los grandes enigmas de la biología molecular. Los métodos experimentales eran lentos, costosos y no siempre funcionaban. Se tardaban meses o años en resolver la estructura tridimensional de una sola proteína. AlphaFold 2, presentado en 2020, cambió radicalmente las reglas: era capaz de predecir estructuras en minutos con precisión comparable a la de los experimentos.

AlphaFold no aprendió física proteica leyendo la literatura en la materia, sino que incorporó restricciones físicas directamente en su arquitectura. El modelo aprendió de 170.000 estructuras proteicas conocidas[58], los patrones que dictan cómo se dobla y enrolla la cadena —del mismo modo que aprender miles de partidas de ajedrez permite predecir cómo se desarrollan las posiciones sin necesidad de calcular cada movimiento desde cero—. AlphaFold buscaba, entre las millones de formas posibles que puede adoptar una proteína, la que más se ajustaba a las leyes físicas que la naturaleza impone.

El impacto fue inmediato y global. En julio de 2021, DeepMind, la empresa que desarrolló AlphaFold, publicó estructuras predichas para más de 350.000 proteínas, incluyendo prácticamente todo el proteoma humano[59]. En 2024, la base de datos AlphaFold contenía más de 200 millones de predicciones estructurales[1], más de lo que toda la comunidad científica había conseguido en medio siglo. Investigadores en descubrimiento de fármacos, diseño de vacunas, ingeniería de enzimas y biología evolutiva adoptaron AlphaFold como herramienta estándar.

Pero AlphaFold también reveló por qué los modelos físicos siguen siendo esenciales. El modelo funciona extraordinariamente bien para proteínas individuales, pero tiene grandes dificultades para predecir complejos proteicos grandes, interacciones con otras moléculas, o cambios conformacionales dinámicos[60]. Cuando el sistema se aleja demasiado del tipo de datos con que fue entrenado, o cuando la física se vuelve más compleja que el plegamiento de cadenas aisladas, AlphaFold deja de ser preciso. Los modelos físicos explícitos, incluyendo modelos de las fuerzas moleculares, la termodinámica, la química cuánti-

---

[1] https://alphafold.ebi.ac.uk/

ca, son esenciales para interpretar, validar y extender las predicciones de AlphaFold.

La lección de AlphaFold es que el impacto que la IA ha tenido en la ciencia hasta ahora no consiste en derivar principios físicos a partir de documentos, sino en combinar las capacidades de búsqueda, optimización y reconocimiento de patrones de las redes neuronales con modelos computacionales rigurosos del mundo físico. Los LLMs pueden razonar sobre símbolos formales, pero necesitan anclarse en física real para producir conocimiento científico confiable.

En mi campo de investigación, también he vivido cómo la IA está acelerando el análisis de datos científicos, identificando patrones en experimentos y sugiriendo hipótesis. Pero la creatividad para formular las preguntas correctas, para diseñar experimentos elegantes, y para interpretar los resultados sigue siendo profundamente humana. La IA es, hoy por hoy, un colaborador extraordinario que amplifica nuestras capacidades cuando la guiamos correctamente y la combinamos con conocimiento estructurado del mundo.

Sin embargo, la frontera entre lo humano y lo artificial se está moviendo rápidamente. Ya hay sistemas de IA que generan hipótesis científicas, diseñan experimentos, e incluso escriben código para analizarlos[61]. La pregunta por tanto no es si la IA transformará la ciencia porque ya lo está haciendo, sino cómo redefiniremos la autoría, el crédito y la naturaleza misma del descubrimiento científico en la era de la colaboración humano-IA. Esta revolución intelectual descansa sobre un pilar material fundamental: los chips y la infraestructura computacional que hacen posible entrenar y desplegar estos sistemas. Comprender la evolución, las limitaciones y las implicaciones geopolíticas de este hardware es clave para entender hacia dónde se dirige la ciencia impulsada por la IA.

La carrera por los chips

Si en la evolución humana el aumento de la capacidad cognitiva va de la mano de cambios biológicos, también la inteligencia de las máquinas depende del sustrato físico en que se implementa. No solo de *software* vive la Inteligencia Artificial. En el desarrollo de la IA, tanto en sus aplicaciones prácticas como en la consecución de los hitos antes descritos, han tenido un papel clave los avances en el *hardware*, en particular en los sistemas de procesamiento y almacenamiento a gran escala, distribuidos y en paralelo.

Sin los potentes procesadores actuales tampoco existirían los complejos modelos de *deep learning* o aprendizaje profundo, basados en redes neuronales con muchas capas de procesado de información (ver capítulos 2 y 3). Es el nuevo *hardware*, a menudo optimizado para esta tarea específica, el que permite entrenar a los modelos, alimentándolos con grandes cantidades de datos en un tiempo y con un consumo energético razonables.

No es sorprendente, por tanto, que desde 2022, la carrera por chips especializados para entrenar grandes modelos de lenguaje se haya intensificado dramáticamente, lo que ha generado una riqueza sin precedentes a las empresas de este sector. NVIDIA —empresa hasta entonces conocida por fabricar gráficos para videojuegos— se convirtió de la noche a la mañana en la empresa más valiosa del mundo, porque sus GPUs resultaron ser exactamente el tipo de procesador que las redes neuronales necesitan. Google, Meta y decenas de *startups* invirtieron miles de millones en diseñar chips propios, compitiendo por construir el *hardware* más eficiente para entrenar modelos cada vez más grandes

La Figura 17 ilustra la evolución en la capacidad de computación a lo largo de los años, mostrando la famosa Ley de Moore desde el año 2000, según la cual cada año, o año y medio se duplica el número de transistores que podemos integrar en un circuito por el mismo precio. Es decir, es una ley de crecimiento exponencial en la capacidad de computación por el mismo coste. La línea negra representa la Ley de Moore en CPUs, y la línea roja en GPUs.

El lector interesado puede encontrar un resumen de los principales procesadores utilizados para el aprendizaje automático en[62]. Tampoco podemos obviar que transmitir y procesar las enormes cantidades de datos con que se trabaja hoy día requiere un elevadísimo consumo energético (Ver recuadro ¿Un planeta inteligente pero sostenible?).

La dependencia de la IA respecto al hardware especializado ha convertido la producción de chips en un asunto de Estado. En 2022 y 2023, el gobierno de Estados Unidos restringió las exportaciones de los chips más avanzados de NVIDIA –las series H100 y A100– a China y otros países considerados competidores estratégicos[63]. El razonamiento era directo: quien controla el hardware controla la capacidad de entrenar los modelos más potentes. China respondió acelerando su industria doméstica de semiconductores y desarrollando modelos propios –DeepSeek, Qwen, Ernie– que han demostrado rendimientos competitivos a pesar de las restricciones.

El resultado es un ecosistema de IA crecientemente bipolar: un polo occidental, liderado por Estados Unidos, con estándares de seguridad relativamente alineados entre sus actores principales; y un polo asiático, liderado por China, con una concepción distinta de privacidad, supervisión estatal y uso de datos ciudadanos. Para Europa, y para España en particular, esta bipolaridad plantea preguntas incómodas. La soberanía tecnológica no puede construirse sobre modelos entrenados con datos de ciudadanos europeos en servidores sujetos a legislaciones que no son las nuestras. Además, Europa no produce chips de frontera y sus centros de datos de alto rendimiento son escasos y dispersos. Construir capacidad de IA soberana no es solo una cuestión de orgullo tecnológico: es la condición para que las leyes y regulaciones que hemos y estamos diseñado sean aplicables a los sistemas que realmente usamos.

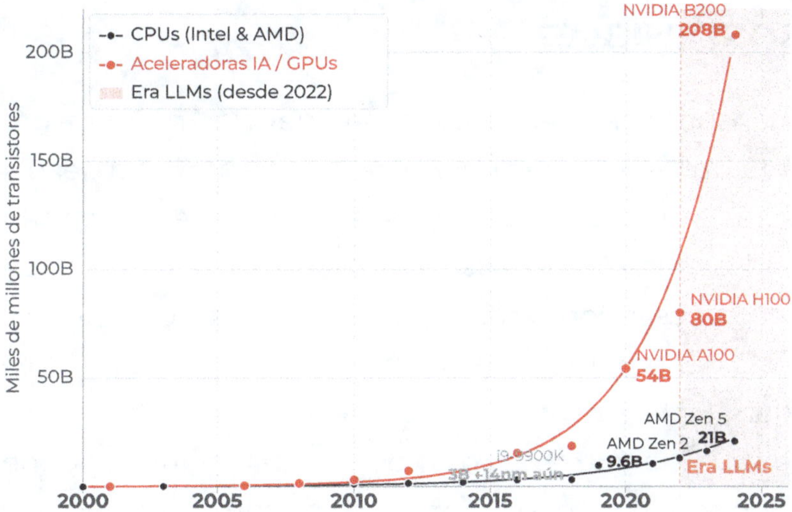

Figura 17: *Ley de Moore desde 2000 para CPUs (línea negra) y GPUs (línea roja). Obsérvese el crecimiento exponencial en la capacidad de computación por el mismo precio (fuente: figuras propias a partir de http://coulmont.com/ basado en datos de Wikipedia).*

UN PLANETA INTELIGENTE, PERO ¿SOSTENIBLE?

El consumo energético de la Inteligencia Artificial representa un desafío creciente para la sostenibilidad del planeta. Los centros de datos y sistemas de IA requieren cantidades masivas de electricidad y agua potable, tanto para el procesamiento como para la refrigeración. Entrenar GPT-3 generó aproximadamente 552 toneladas de CO_2 –equivalente a las emisiones de cinco automóviles durante toda su vida útil[64, 65]–. Los modelos de la siguiente generación son mucho más costosos: se estima que entrenar GPT-4 emitió entre 12.000 y 15.000 toneladas de CO_2, unas 25 veces más, y consumió cientos de miles de litros adicionales de agua dulce[66]. Pero el entrenamiento es solo una parte del problema: cada consulta a ChatGPT genera entre 2,5 y 5 gramos de CO_2[67], y con cientos de millones de consultas diarias, el coste acumulado de la *inferencia* supera ya al del entrenamiento. A medida que la IA se vuelve más ubicua, la necesidad de mejorar drásticamente la eficiencia energética de los procesadores y desarrollar fuentes de energía renovables es más urgente para evitar que el progreso tecnológico comprometa nuestros objetivos climáticos.

Asimismo no podemos obviar el impacto local de las mal llamadas "fábricas de IA", que en realidad no producen bienes tangibles ni generan empleo duradero en la comunidad que la acoge. Operan con plantillas sorprendentemente reducidas una vez construidas[68, 69], consumen tanta agua potable para la refrigeración como una ciudad de tamaño medio[70, 71, 72] –compitiendo directamente con hogares y agricultura por ese recurso–, y generan ruido, calor residual y presión sobre las redes eléctricas locales[71], que no son capaces de crecer con la rapidez suficiente para suplir las necesidades energéticas de la industria de la IA. Por ello, los gigantes tecnológicos están comprando mini-centrales nucleares para abastecerse.

¿Qué haremos con toda esta infraestructura especializada cuando quede obsoleta? A diferencia de una fábrica que puede funcionar durante décadas, los componentes de estos centros se reemplazan cada pocos años, no porque fallen, sino porque el siguiente chip es mucho más potente[73, 74].

El campeón de ajedrez que desconoce qué es el ajedrez

El despliegue de los hitos de la Inteligencia Artificial durante la última década puede resultar abrumador, incluso inquietante. Basta una pregunta para ganar perspectiva y reconsiderar la situación: ¿sabe *AlphaGo* que está jugando –y ganando– al juego de Go?

Los sistemas de Inteligencia Artificial suelen dividirse en tres tipos, atendiendo a su grado de competencia. En primer lugar, la *IA específica* hace referencia a sistemas capaces de realizar una tarea concreta, como jugar al ajedrez, reconocer el habla, imágenes o procesar texto, incluso mejor que un humano. Pero solamente saben hacer esa tarea. Este es el tipo de Inteligencia Artificial que tenemos hoy en día, también en el caso de los potentes modelos de IA generativa descritos en el capítulo anterior.

Los sistemas con *IA general*, en cambio, exhiben una inteligencia similar a la humana: múltiple, adaptable, flexible, eficiente, incremental... Esta sería la aspiración última de la Inteligencia Artificial, pero estamos aún muy lejos de hacerla realidad.

Aunque los modelos de IA generativa, como los grandes modelos de lenguaje sobre los que se basan los chatbots, puedan realizar cientos de tareas lingüísticas diferentes –traducción, síntesis, programación, análisis, creación de contenido nuevo– sin entrenamiento específico para cada una y en muchos casos mejor que nosotros, carecen de las capacidades de razonamiento abstracto profundo, de generalización automática a dominios completamente nuevos, o de comprensión causal que caracterizarían una verdadera Inteligencia Artificial General (o AGI en sus siglas en inglés). Estos sistemas, más generales que específicos pero no generales del todo, han provocado un intenso debate científico en el que he participado: algunos investigadores y expertos en IA argumentan que modelos como GPT-4 muestran indicios de inteligencia general[75], mientras otros sostienen que la verdadera inteligencia general requiere muchas otras capacidades –incluyendo un cuerpo físico– que estos sistemas aún no poseen[76]. Desde mi perspectiva y, considerando la complejidad y multidimensionalidad de la inteligencia humana, es evidente que estamos muy lejos de alcanzar una IA general.

La tercera categoría corresponde a los sistemas con *súper-inteligencia*, término un tanto controvertido referido al desarrollo de sistemas con inteligencia superior a la humana, como propone el filósofo de la Universidad de Oxford, Reino Unido, Nick Bostrom[77].

Los sistemas actuales manifiestan un tipo limitado de inteligencia: son incapaces, entre otras cosas, de generalizar y extender a otros ámbitos sus niveles de competencia en una tarea de manera automática, como haría un humano.

EL DEBATE SOBRE LA INTELIGENCIA ARTIFICIAL GENERAL

Uno de los debates con mayor visibilidad en 2025-2026 tiene que ver con la Inteligencia Artificial General (AGI): la hipotética capacidad de un sistema de IA de alcanzar la inteligencia humana, con el mismo nivel de complejidad y diversidad que la inteligencia de cada uno de nosotros y nosotras. Durante décadas, lograr este tipo de IA fue una especulación filosófica marginal. Hoy, ocupa portadas y reuniones de alto nivel, impulsada por el discurso de algunos líderes de los gigantes tecnológicos.

El debate, sin embargo, está cargado de imprecisión. No hay consenso sobre qué significa exactamente "AGI", ni sobre si los sistemas actuales se aproximan a ella o se encuentran en una categoría fundamentalmente diferente. De hecho, hay empresas que han cambiado la definición de Inteligencia Artificial General, simplificándola enormemente, para así poder declarar que ya la han alcanzado y justificar este logro ante sus inversores. Compañías como Anthropic la sitúan explícitamente en su horizonte estratégico[78]. Como consecuencia de ese cambio en la definición, los equipos de *super-inteligencia*, es decir, una IA superior a la humana, son cada vez más frecuentes en los gigantes tecnológicos.

Más allá de los intereses comerciales de las empresas tecnológicas, el debate ha trascendido al ámbito científico. Algunos investigadores prominentes han revisado públicamente sus estimaciones sobre cuándo podríamos contar con una Inteligencia Artificial General[79].

Señalo este debate no para alimentarlo, sino para contextualizarlo: la atención que genera la Inteligencia Artificial General desvía la energía y el foco de los acuciantes problemas de la IA que ya existen hoy. Los sistemas actuales ya discriminan, ya desinforman, ya consumen cantidades ingentes de energía y agua, ya concentran poder. Abordar esos retos concretos y presentes debería ser, a mi juicio, la prioridad.

Inteligencia Artificial 'versus' Inteligencia Humana

El éxito reciente de los sistemas de Inteligencia Artificial quizás esté desviando la atención respecto al grado de avance en cuestiones profundas del área. Hay problemas fundacionales de la Inteligencia Artificial que todavía están por resolver, incluyendo los descritos en el capítulo 2.

Algunos de estos problemas derivan de tres limitaciones básicas, tres aspectos que marcan la diferencia entre los mecanismos de aprendizaje automático disponibles actualmente y los sistemas inteligentes biológicos. Lo explica Jeff Hawkins en un artículo para *IEEE Spectrum*[80] que resumo en los siguientes párrafos.

Los sistemas de aprendizaje biológicos –cerebros– son capaces de aprender rápidamente. Unas pocas observaciones o experiencias táctiles suelen ser suficientes para aprender algo nuevo, a diferencia de los millones de ejemplos que necesitan los sistemas de Inteligencia Artificial actuales.

Además, los sistemas biológicos aprenden de manera incremental, es decir, agregamos conocimiento nuevo sin tener que volver a aprender todo desde cero ni perder conocimiento anterior. Es más, hacemos todo lo anterior de manera continua. Aprendemos conforme interaccionamos con el mundo físico, y nunca dejamos de hacerlo. El aprendizaje rápido, incremental y constante es un elemento esencial que permite a los sistemas biológicos inteligentes adaptarse a un entorno cambiante, y sobrevivir.

La neurona es un elemento clave en el aprendizaje biológico. La complejidad de las neuronas biológicas y sus conexiones es lo que dota al cerebro de la capacidad para aprender. Hoy sabemos que el cerebro tiene plasticidad y que constantemente se están creando nuevas neuronas –el fenómeno llamado *neurogénesis*– y sinapsis –*sinaptogénesis*–. Se estima que diariamente se sustituyen hasta un 40 % de las sinapsis en cada neurona, lo que implica que hay en marcha un proceso constante de creación de nuevas conexiones neuronales.

Los sistemas de aprendizaje artificiales no tendrían por qué reproducir exactamente el funcionamiento de las neuronas biológicas, pero esta capacidad para disponer de un aprendizaje rápido, incremental y constante, caracterizado por la destrucción y creación de sinapsis, es esencial.

Otra cuestión clave es que el cerebro procesa la información mediante representaciones distribuidas no densas, o dispersas[81], una terminología referida a que solo un conjunto reducido de neuronas está activo en cada momento del tiempo. Este grupo de neuronas encendidas cambia de un instante a otro en función de lo que haga el ser vivo, pero es en cualquier caso pequeño.

Por ejemplo, si oímos un animal que se mueve entre unos arbustos, pero no hemos podido verlo, podría ser un conejo, una ardilla o una rata. El cerebro no elige una sola opción y descarta las demás: activa simultáneamente las representaciones de los tres animales sin que se "mezclen" entre sí. Esto es posible porque el cerebro codifica la información de forma dispersa: en cada instante solo una pequeña fracción de neuronas está activa, lo cual deja espacio para mantener varias posibilidades en paralelo sin interferencias.

Gracias a esta propiedad, el cerebro gestiona, opera y toma decisiones aunque no disponga de la información completa, es decir, con incertidumbre. Además, goza de dos propiedades interesantes: la propiedad del solape, que permite detectar rápidamente si dos percepciones son idénticas o diferentes, y la propiedad de la unión, que permite al cerebro mantener varias representaciones en paralelo.

Además, el aprendizaje tiene un *cuerpo* biológico que está presente en el mundo físico. Nuestro cerebro recibe la información de los distintos sentidos, y esta información cambia según nos movemos y actuamos en nuestro entorno.

Un sistema de Inteligencia Artificial no tiene por qué tener un cuerpo físico, pero sí la capacidad de actuar sobre su entorno físico y virtual, y recibir una reacción *–feedback–* a sus acciones. Los sistemas de aprendizaje con refuerzo -*reinforcement learning*- hacen algo similar, y son instrumentales en la consecución de algunos de los hitos previamente descritos, como los logrados por *AlphaZero*, el sistema de IA que alcanzó un nivel de juego sobrehumano en ajedrez, shogi y go mediante el aprendizaje por refuerzo profundo y el juego autónomo, es decir, jugando contra sí mismo millones de veces.

El cerebro es capaz de integrar la información captada por los distintos sentidos y por el sistema motor, para poder no solo procesar, reconocer y decidir en función de lo percibido, sino también actuar. Esta integración sensorial-motora es básica en el funcionamiento del cerebro y probablemente deberá también serlo en los sistemas de Inteligencia Artificial.

Finalmente, en el cerebro la información sensorial es procesada por un sistema jerárquico: conforme la información va pasando de un nivel a otro se van calculando características cada vez más complejas y abstractas de lo que se está percibiendo.

Los modelos de aprendizaje profundo también utilizan jerarquías, pero mucho más complicadas que las empleadas por el cerebro humano, con decenas o centenas de niveles y desde miles de millones hasta millones de millones de parámetros en el caso de los grandes modelos de lenguaje modernos –una escala que me sigue impresionando–. Como describe el capítulo 3, estas redes neuronales profundas necesitan millones o miles de millones de ejemplos –imágenes, palabras– para aprender patrones. A nuestro cerebro, en cambio, le bastan pocos niveles de jerarquías y también pocos ejemplos para aprender. Aunque los LLMs más recientes muestren algunas capacidades de aprendizaje con pocos ejemplos (*few-shot learning*), y la investigación haya demostrado que escalar tanto el número de parámetros como la cantidad de datos de entrenamiento mejora el rendimiento[37], el cerebro humano aprende de manera fundamentalmente más eficiente –tanto en términos de ejemplos necesarios como de energía consumida– que los modelos computacionales de hoy en día. Esta brecha de eficiencia es fascinante.

Sin embargo, estas limitaciones no están frenando el creciente impacto de la Inteligencia Artificial en nuestras vidas. La IA es ya un elemento integral de la Cuarta Revolución Industrial en la que estamos inmersos.

TAREAS PENDIENTES DE LA IA

Los sistemas inteligentes han cosechado un éxito tras otro a lo largo de la última década, y en nuestra vida ya son ubicuas –aunque no siempre visibles– las aplicaciones derivadas de la Inteligencia Artificial. Sin embargo, aún hay tareas pendientes:

- **Lenguaje.** - Aunque los grandes modelos de lenguaje exhiben capacidades semánticas emergentes que habrían parecido impensables hace apenas una década, existe intenso debate científico sobre si estas capacidades representan verdadera comprensión semántica y razonamiento causal, o si son patrones estadísticos sofisticados –*loros estocásticos*– sin entendimiento genuino[82]. Y las limitaciones persisten, incluyendo las alucinaciones (generar información falsa con aparente confianza), las dificultades con razonamiento lógico estrictamente formal, y la carencia de conexión directa con el mundo físico (*grounding*), entre otras. Aquí radica la diferencia con AlphaFold, descrito anteriormente en este capítulo: ese sistema funciona porque sus patrones están anclados en restricciones físicas verificables. Los LLMs predicen con extraordinaria precisión patrones de lenguaje; AlphaFold predice con extraordinaria precisión patrones de física molecular. La distinción no es filosófica: tiene consecuencias directas en qué tareas podemos delegar con confianza a cada tipo de sistema.

- **Incertidumbre.** - Los seres vivos somos capaces de tomar decisiones en entornos de incertidumbre, es decir, con falta de información. Pero la incertidumbre es compleja de modelar matemáticamente, lo que da lugar a modelos que no son resolubles computacionalmente.
- **Aprendizaje a corto, medio y largo plazo.** - La gran mayoría de los sistemas de aprendizaje por ordenador son entrenados en una fase inicial, utilizando datos de entrenamiento que sirven para determinar automáticamente los valores de los parámetros o los pesos de los modelos. Una vez el modelo ha aprendido, se puede aplicar a datos nuevos que no ha visto nunca. Sin embargo, los sistemas inteligentes biológicos aprenden constantemente y con diferentes horizontes temporales –corto, medio y largo plazo–, algo aún no al alcance de los sistemas de aprendizaje computacionales.
- **Causalidad.**- Este concepto es una abstracción para ayudarnos a explicar cómo funciona el mundo, y forma parte del aprendizaje temprano de nuestra y otras especies. Sin embargo, la gran mayoría de los modelos computacionales de aprendizaje estadístico aprenden y detectan correlaciones entre variables y factores, no relaciones de causalidad. Los LLMs modernos muestran algunas capacidades emergentes de razonamiento causal en tareas específicas pero no poseen modelos causales estructurales del mundo. Aunque se han desarrollado marcos teóricos para integrar el descubrimiento causal con representaciones aprendidas[83], la inferencia causal automática robusta sigue siendo un desafío fundamental.

- **Contexto.**- Los modelos entrenados con datos aprenden de la información contenida en dichos datos, que no son más que un reflejo parcial de una realidad compleja. Sin información adicional –no captada por los datos–, los modelos pueden llegar a conclusiones erróneas. Por ello es importante entender qué información de contexto puede no estar siendo captada por los datos con los que se entrena un determinado modelo.

- **Aprendizaje constante.**- Los seres vivos aprendemos constante, incremental y asociativamente, en lugar de solamente durante la fase de entrenamiento de los modelos.

- **Robustez.**- Los modelos no deben fallar estrepitosamente si se cambian ciertas características en los datos de entrada, como sucede hoy en día. Por ejemplo, hoy podemos engañar a redes neuronales que reconocen objetos en imágenes agregando a la imagen ruido que es imperceptible para los humanos, pero que confunde totalmente a la red neuronal, de manera que en lugar de reconocer que en la foto hay un oso panda, la red neuronal piensa que hay un mono. Este tipo de ataques a los modelos de aprendizaje se conoce como *aprendizaje adversarial (adversarial machine learning)*. Dada su ubicuidad, la robustez de los LLMs frente a una manipulación adversarial es un área crítica de investigación en seguridad de IA, con implicaciones éticas y de gobernanza que exploraremos en el capítulo 6.

La Cuarta Revolución Industrial

En los últimos tres siglos hemos vivido cuatro revoluciones industriales, ilustradas en la Figura 18. La primera tuvo lugar entre los siglos XVIII y XIX en Europa y Norteamérica, y se corresponde con el momento histórico en que sociedades que eran mayoritariamente agrarias y rurales se convirtieron en industriales y urbanas. El principal factor impulsor de esta revolución fue la invención de la máquina de vapor, junto con el desarrollo de las industrias textil y metalúrgica.

La Segunda Revolución Industrial –conocida como la Revolución Tecnológica– ocurrió justo antes de la Primera Guerra Mundial, entre 1870 y 1914, y se corresponde con un crecimiento de las industrias anteriores y el desarrollo de otras nuevas, como la del acero y el petróleo, y con la llegada de la electricidad. Los avances tecnológicos más importantes de esta revolución incluyen el teléfono, la bombilla, el fonógrafo y el motor de combustión interna.

La Tercera Revolución Industrial es la Revolución Digital y hace referencia a la transición de dispositivos mecánicos y analógicos al uso de tecnologías digitales. Comenzó en los años 80 y continúa hoy en día. Los avances tecnológicos clave incluyen los ordenadores personales, internet y el desarrollo de otras tecnologías de la información y las comunicaciones (TICs).

Finalmente, la Cuarta Revolución Industrial se apoya en avances de la Revolución Digital, pero incorpora la ubicuidad de la tecnología digital tanto en nuestra sociedad como en nuestro cuerpo, y la unión creciente entre los mundos físico, biológico y digital.

Los avances tecnológicos que hacen posible esta nueva revolución incluyen la robótica, la Inteligencia Artificial, la nanotecnología, la biotecnología, la ingeniería genética y la informática cuántica. El término fue presentado y reconocido globalmente durante el Foro Económico Mundial en 2016 por su fundador, el economista alemán Klaus Schwab. Una década después de su reconocimiento formal, esta Cuarta Revolución Industrial se ha acelerado dramáticamente. La IA generativa –explorada en profundidad en el capítulo anterior– ha democratizado el acceso a capacidades de IA previamente limitadas a especialistas.

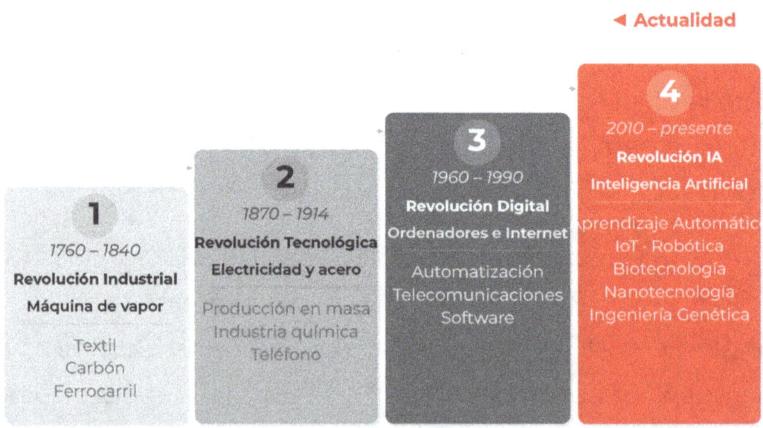

Figura 18: *Las cuatro revoluciones industriales desde el siglo XVIII.*

CONOCIMIENTO PARA TODOS, ACTUALIZADO AL INSTANTE

Se ha afirmado que la Inteligencia Artificial será en el siglo XXI lo que la electricidad fue al XX. Aunque comparar revoluciones siempre es un ejercicio arriesgado, lo cierto es que la IA toca prácticamente todos los sectores, es escalable, invisible y permite la actualización constante. Funciona, además, como herramienta para predecir el futuro y, por tanto para ayudar en cualquier proceso de toma de decisiones.

Podemos imaginar escenarios sin precedente en la historia de la humanidad. Escenarios donde, por ejemplo, una red de sistemas de IA podría muy rápidamente incorporar los últimos métodos computacionales en el diagnóstico de una enfermedad, y desplegarlos a toda la población del planeta. El equivalente analógico, que consistiría en una incorporación casi instantánea del conocimiento a todos los médicos del planeta, es simplemente inviable.

Una IA transversal e invisible

La Inteligencia Artificial tiene un conjunto de características que contribuyen a convertirla en un elemento clave en esta Cuarta Revolución Industrial. Para empezar, es transversal e invisible.

Las técnicas de Inteligencia Artificial, como hemos explicado, pueden utilizarse en un sinfín de aplicaciones en medicina, energía, transporte y educación; en la investigación científica, en los sistemas de producción, la logística, los servicios digitales y la prestación de servicios públicos y privados. Y en la gran mayoría de estas aplicaciones, los sistemas de IA consisten en *software* instalado en el corazón de aplicaciones y servicios. Es decir, son invisibles. Estas dos propiedades, la transversalidad y la invisibilidad, sitúan a la Inteligencia Artificial en el núcleo de la Cuarta Revolución Industrial, con un papel similar al jugado por la electricidad en la Segunda Revolución Industrial.

Otras características de la IA son la complejidad, la escalabilidad y la actualización constante. Los sistemas actuales de Inteligencia Artificial basados en modelos de aprendizaje profundo se han vuelto extraordinariamente complejos, con cientos de capas de neuronas y desde cientos de millones hasta cientos de miles de millones de parámetros en los grandes modelos de lenguaje modernos. Esta complejidad sin precedentes tiene un doble filo.

Por una parte, dificulta la interpretación de los modelos, lo que, en ciertas aplicaciones, por ejemplo, en medicina o en educación, es un obstáculo limitante. Pero al mismo tiempo es esta complejidad la que permite a la Inteligencia Artificial procesar cantidades ingentes de datos, y realizar tareas con niveles de competencia superiores a los de los humanos. Es decir, los complejos modelos de aprendizaje profundo dotan a los sistemas de IA de gran escalabilidad.

En muchos casos solo podemos extraer conocimiento y valor del Big Data a través del uso de sistemas de Inteligencia Artificial, ya que los métodos tradicionales no pueden procesar volúmenes de datos tan grandes que, además, son variados, generados a gran velocidad y no estructurados –es decir, son texto, audio, vídeo, imágenes o proceden de sensores–. Para los sistemas de Inteligencia Artificial esto no es un problema gracias a que son altamente escalables, esto es, consisten fundamentalmente en *software* que puede estar conectado con miles o millones de otros sistemas de IA, lo que da lugar a una red colectiva. Por tanto, sin IA no podríamos, entre otras cosas, buscar información en internet. En astronomía, física, biología, química, meteorología o medicina cada vez generamos más datos, a los que, por su complejidad y volumen, tampoco podríamos sacar partido. Algo similar sucede en la economía y las finanzas, en el comercio electrónico o en el transporte, por citar otras áreas. Básicamente, cualquier aplicación que se beneficie del análisis de grandes cantidades de datos no estructurados es susceptible de ser transformada por la IA.

La capacidad de actualizar el *software* de manera masiva es también una propiedad clave. Combinada con la escalabilidad, la actualización masiva permite a la IA tener impacto en la vida de cientos o incluso miles de millones de personas en poco tiempo.

Otras dos propiedades definitorias de la IA son su capacidad tanto para analizar datos como para *generar* contenidos gracias a las técnicas de IA generativa (descritas en el capítulo 3), y su habilidad para predecir. Los sistemas de Inteligencia Artificial pueden utilizarse para la toma de decisiones automáticas y para predecir situaciones futuras. De hecho, aspiramos a que las decisiones algorítmicas basadas en IA entrenada con datos carezcan de las limitaciones de las decisiones humanas – conflictos de interés, sesgos, intereses propios, corrupción, etc.–, y sean por tanto más justas y objetivas.

Sin embargo, esto no será necesariamente así si ignoramos las limitaciones de las decisiones que toman los algoritmos, como explicaré en el próximo capítulo.

Ni ciencia ficción, ni moda

La presencia de la IA en nuestras vidas, y su capacidad para mejorar la sociedad, son innegables. Las grandes potencias mundiales –tanto empresas como gobiernos– han comprendido que el liderazgo en Inteligencia Artificial debe ser no solo económico, sino también político y social.

Por eso, desde 2017 hasta hoy, no existe economía significativa –en Europa, en Asia, en América– que no haya elaborado su estrategia de Inteligencia Artificial, tal y como refleja la Figura 19[84]. Esta convergencia, que en abstracto podría parecer alentadora, esconde de hecho divergencias muy profundas sobre qué debe regularse, qué debe fomentarse y a quién debe protegerse.

China es un ejemplo emblemático porque en su estrategia de 2017 comprometía recursos extraordinarios con el objetivo explícito de liderar globalmente la IA antes de 2030[85], y, por extensión, convertirse en la primera potencia mundial.

Una observación interesante, revisando esta evolución, es el cambio de registro que se produjo a partir de 2022. Las primeras estrategias –especialmente entre 2017 a 2019– eran fundamentalmente documentos de inversión en investigación, talento, datos e infraestructuras. Tras la explosión de la IA generativa, esas mismas estrategias se actualizaron para incorporar regulación, control de riesgos y gobernanza.

En Europa, el grupo de expertos sobre IA creado por la Comisión Europea –del que fui miembro reserva– publicó en 2019 un conjunto de guías éticas para la Inteligencia Artificial y unas recomendaciones sobre inversiones y políticas en IA. Esta estrategia europea propone actuaciones conjuntas para una cooperación más estrecha y eficiente entre los Estados miembros, Noruega, Suiza y la Comisión en cuatro ámbitos clave: aumentar la inversión, lograr que haya más datos disponibles (para entrenar a los algoritmos de IA), fomentar el talento y garantizar la confianza.

Figura 19: *Línea temporal de las estrategias nacionales sobre Inteligencia Artificial 2017-2025 (fuentes: OECD Progress Report 2025, World Privacy Forum Global Table of National AI Strategies, CCIA Global Round-Up 2025, Tim Dutton).*

En febrero de 2020, la Comisión Europea publicó tres documentos estratégicos en el contexto de la Inteligencia Artificial.

En primer lugar, un libro blanco[86] sobre Inteligencia Artificial donde presenta un marco para el desarrollo de una Inteligencia Artificial confiable, basada en la excelencia y la confianza. Este documento propone la definición de reglas claras en aplicaciones de alto riesgo de la Inteligencia Artificial, que incluyen la salud, el transporte o la policía. El objetivo es garantizar que los sistemas de IA son transparentes, supervisados por humanos y susceptibles de ser evaluados y certificados por autoridades externas. También se incluye la necesidad de asegurar que los datos con los que se entrenan estos sistemas no tienen sesgos y que siempre se respetan los derechos fundamentales. En suma, este documento sentó las bases para la regulación del uso de la IA en Europa.

En segundo lugar, la Estrategia de Datos[87] que aspira a crear un único mercado europeo para datos que asegure la competitividad de Europa y la soberanía de sus datos, es decir, un espacio donde los datos fluyan libremente dentro de la Unión y entre sectores, permitiendo que las empresas, las y los investigadores y las administraciones públicas accedan a ellos de forma segura y justa, bajo reglas europeas que garanticen la privacidad y el control de los usuarios sobre su propia información.

En tercer lugar, un documento con recomendaciones por parte del grupo de alto nivel de “Business to Government Data Sharing”[88] , que incluye la adopción de medidas legislativas sobre la gobernanza de los datos, el acceso y su reutilización para el interés público.

Posteriormente, en abril de 2021, la Comisión propuso el Reglamento de Inteligencia Artificial (AI Act)[89], la primera normativa integral sobre el uso de la IA a nivel mundial, que fue finalmente adoptado por el Parlamento Europeo en marzo de 2024 y entró en vigor el 1 de agosto de 2024[90], estableciendo un marco regulatorio (ver capítulo 6) basado en riesgos para las aplicaciones de IA, especialmente aquellas con claro impacto en la vida de las personas, como la salud, el trabajo o el transporte.

El entonces vicepresidente de la Comisión, el estonio Andrus Ansip, afirmaba en una nota de prensa: “Hemos acordado colaborar a fin de reunir datos –la materia prima de la Inteligencia Artificial– en sectores como la asistencia sanitaria para mejorar el diagnóstico y el tratamiento del cáncer. Tendremos que actuar coordinadamente para lograr el objetivo de inversiones públicas y privadas de al menos 20.000 millones de euros, algo fundamental para el crecimiento y el empleo. La Inteligencia Artificial no es un capricho, es nuestro futuro".

Esta inversión anual en I+D dedicada a la IA de 20.000 millones de euros anuales en el periodo 2021-2027 es necesaria para reducir la brecha global. En Europa, este esfuerzo se divide en dos pilares: por un lado, una inversión pública sólida liderada por programas como Horizonte Europa y Europa Digital (que aportan unos 1.000 millones directos al año más cofinanciación de los Estados miembros de 6.000 millones anuales); y por otro, una inversión privada creciente (de 13.000 millones) que, aunque aún lejos de los 100.000 millones de Norteamérica, ha visto hitos en 2025 y 2026 con rondas de financiación récord para "campeones nacionales" como Mistral AI en Francia o Aleph Alpha en Alemania. Solo mediante esta colaboración público-privada podrá la Unión alcanzar la escala necesaria para competir con los modelos masivos de Asia –donde China y otras potencias regionales invierten conjuntamente más de 40.000 millones de euros anuales con un fuerte respaldo estatal– y los gigantes del software estadounidenses –con inversiones anuales en IA que superan los 100.000 millones de euros.

En cuanto a los Estados miembros, numerosos países han publicado sus estrategias nacionales de IA acompañadas de ambiciosos compromisos presupuestarios: Alemania estableció en 2018 una estrategia dotada con 3.000 millones de euros hasta 2025[91], ampliada en 2020 con 2.000 millones adicionales hasta alcanzar un total acumulado de 5.000 millones de euros para el periodo 2018-2025, de los que se ha ejecutado 3.380 millones hasta 2024; Francia implementó su estrategia en tres fases con inversión pública progresiva (1.500 millones en 2018-2022, 560 millones en 2022-2025, y 2.500 millones desde 2025)[92], y además consiguió atraer 109.000 millones de euros en compromisos de inversión privada anunciados en la Cumbre de IA de París de febrero de 2025; y Finlandia comprometió 100 millones anuales a partir de 2019.

Sin embargo, estas cifras oficiales de inversión deben interpretarse con cautela crítica. Desde mi experiencia siguiendo las políticas públicas en IA, observo que incluyen fondos europeos pre-asignados (como los del Plan de Recuperación Next Generation EU), pueden reflejar re-etiquetado de gasto existente en infraestructura TIC o I+D más que inversión genuinamente nueva, y la ejecución efectiva suele ser significativamente inferior a los anuncios –el Tribunal de Cuentas Europeo ha constatado retrasos significativos en la puesta en marcha de infraestructuras de IA y que los objetivos fijados carecían de la claridad necesaria para orientar las inversiones de forma efectiva[93]. Asimismo, los "compromisos privados" proclamados en cumbres internacionales, como los 109.000 millones anunciados en París, son declaraciones no vinculantes que incluyen inversiones que las empresas realizarían independientemente de las políticas públicas.

Además, algunos Gobiernos, como el británico, han creado sus propias organizaciones de Inteligencia Artificial (*Office of AI, Office of Ethics in AI, AI Safety Institute*), con carácter transversal, para maximizar el impacto de la IA y acelerar su desarrollo y adopción.

La OCDE probó en mayo de 2019 una Recomendación sobre Inteligencia Artificial[94] a la que se han adherido 36 países miembros y seis países no miembros.

En España, el gobierno creó en 2017 un comité de nueve expertos multidisciplinares –del que formé parte– para la elaboración de un libro blanco sobre el Big Data y la IA con recomendaciones estratégicas. Finalmente, en junio de 2019 se publicó una estrategia de I+D+i en IA, seguida en 2020 de la Estrategia Nacional de Inteligencia Artificial (ENIA), con una inversión de 600 millones de euros para el periodo 2021-2023[95]. Posteriormente, en mayo de 2024, el Gobierno aprobó una Estrategia actualizada[96] que añade 1.500 millones de euros adicionales para 2024-2025, lo que suma un total de 2.100 millones entre 2021-2025, financiados principalmente por el Plan de Recuperación, Transformación y Resiliencia europeo. La estrategia actualizada incluye inversiones significativas en supercomputación (90 millones de euros para el superordenador MareNostrum), desarrollo de talento (760 millones de euros en áreas de investigación y formación especializada), y apoyo al sector privado (400 millones de euros a través del Fondo Next-Tech y 350 millones en el programa Kit Digital).

En relación al panorama más allá de Europa, las cifras oficiales chinas –que proclaman 150.000 millones de dólares invertidos– han sido objeto de escrutinio: análisis independientes estiman la inversión real en el rango de 50.000 a 80.000 millones[97]. En contraste, Estados Unidos carece de estrategia centralizada pero su gasto federal efectivo en investigación de IA ronda los 12.000 millones anuales[98], complementado por una inversión privada masiva que supera los 100.000 millones anuales.

Sin embargo, a pesar de estas inversiones mil millonarias y como consecuencia de algunas de las características descritas anteriormente, la IA no estará necesariamente distribuida de manera homogénea o justa en la sociedad. Esto significa que la IA plantea retos que debemos afrontar con rigor y ambición, si queremos una Inteligencia Artificial por y para la sociedad. El siguiente capítulo analiza el impacto de la IA en la economía y el mercado laboral, los retos que plantea para los sistemas educativos y las cualidades que debemos cultivar para relacionarnos con la tecnología de manera consciente y activa.

5

[CAPÍTULO 5]

Economía, trabajo y educación

La IA transforma el mercado laboral, los sistemas educativos y la manera en que desarrollamos lo que nos hace humanos

La IA ya está cambiando quién trabaja, en qué y cómo. Crea oportunidades bien remuneradas en áreas tecnológicas al tiempo que automatiza parcial o totalmente numerosas profesiones. Más allá del mercado laboral, plantea preguntas profundas sobre el aprendizaje: ¿qué sucede con nuestra capacidad de pensar cuando la herramienta que nos automatiza no es una excavadora sino un asistente cognitivo? La respuesta no es protegerse de la tecnología ni rendirse a ella, sino desarrollar las capacidades que la complementan —el pensamiento crítico, la creatividad, la inteligencia social y emocional— y cultivar las cualidades que nos hacen irreemplazablemente humanos.

El impacto de la Inteligencia Artificial en la economía y el mercado laboral ya es observable, aunque sus consecuencias a largo plazo siguen siendo debatidas. Lo que sí está claro es que no afecta a todos por igual: la distribución de beneficios y costes depende en gran medida de las políticas que adoptemos como sociedad, de los sistemas educativos que construyamos y de la relación consciente —no reactiva— que cada persona desarrolle con la tecnología.

Economía: viento en las velas

Desde un punto de vista económico, el mercado de productos, *hardware y software,* relacionados con la Inteligencia Artificial ha experimentado un crecimiento exponencial. Con un aumento sostenido en el tiempo, las estimaciones más recientes de IDC (International Data Corporation) –una consultora cuya clientela principal son empresas del sector tecnológico– publicadas en 2025 proyectan que las inversiones en soluciones y servicios de IA generarán un impacto económico global acumulado de 22,3 billones –millones de millones– de dólares para 2030, que representan aproximadamente el 3,7 % del PIB mundial. Esto significa que cada dólar invertido en IA generará 4,9 dólares adicionales en la economía global[99]. Su efecto se hará sentir en todos los ámbitos de actividad y tanto en el sector público como en el privado.

Aplicada a los procesos de automatización, y como apoyo a la fuerza laboral, la Inteligencia Artificial impulsará la productividad, y de ahí su gran impacto económico. Además, habrá una demanda creciente de productos y servicios enriquecidos con IA por parte de los consumidores.

Norteamérica y China experimentarán los mayores beneficios, dada la concentración de la investigación, la innovación y el desarrollo de la Inteligencia Artificial en estas regiones.

Conviene, sin embargo, leer estas cifras con sentido crítico. Las proyecciones de IDC y consultoras similares son estimaciones de mercado, útiles para orientarse pero elaboradas por organizaciones cuyos clientes son las empresas que venden soluciones de IA; tienen un incentivo estructural hacia el optimismo. Por contraste, el economista Daron Acemoglu –Premio Nobel de Economía 2024– ofrece en un análisis académico independiente[100] una conclusión un tanto diferente: los beneficios macroeconómicos reales serán significativamente menores de lo proyectado por la industria y sin políticas redistributivas activas, las ganancias se concentrarán en el cuartil superior de la distribución de renta. Ambas fuentes son legítimas, pero no equivalentes: una describe expectativas de mercado; la otra, un modelo económico formal. La pregunta relevante por tanto no es cuánta riqueza generará la IA, sino quién la capturará –y quién pagará los costes de la transición.

El propio Acemoglu ofrece una respuesta parcial a por qué las políticas redistributivas tienden a llegar tarde o a quedarse cortas: el sistema fiscal de la mayoría de los países abarata el capital respecto al trabajo –subvenciones fiscales a la inversión tecnológica y ausencia de cotizaciones sociales sobre el uso de automatización–, lo que crea un incentivo estructural para que las empresas automaticen más rápido de lo que sería socialmente óptimo. A esto se añade que quienes más se benefician de la concentración tecnológica son también quienes más recursos tienen para influir sobre las políticas que podrían redistribuir esos beneficios. No es una conspiración; es una lógica de incentivos. Entenderla es el primer paso para cuestionarla.

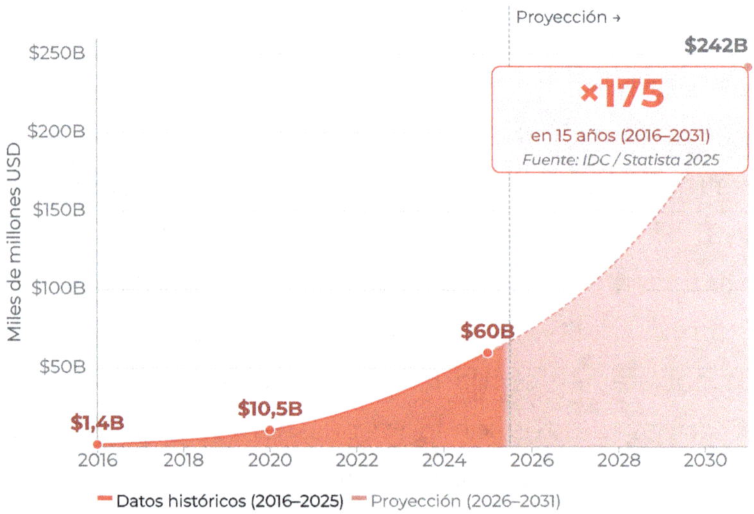

Figura 20: *Estimación del tamaño del Mercado global de la Inteligencia Artificial 2016-2031 en millones de dólares americanos (fuentes: Statista Market Outlook 2025, IDC AI Spending Forecast, Gartner 2025). Datos históricos 2016-2023, actuales 2024-2025, proyecciones 2026-2031.*

Con respecto a la innovación en IA, EE.UU. sigue siendo el líder mundial indiscutible, con la mayor concentración de empresas emergentes del sector, especialmente en la bahía de San Francisco (el mítico Silicon Valley), seguido de China. En Europa, Londres y París son los principales focos de actividad, aunque la brecha con el ecosistema estadounidense sigue siendo significativa[101, 102].

Desde finales de 2022, la explosión de la IA generativa ha transformado el ecosistema de innovación tecnológica a una velocidad sin precedentes. Nunca antes había visto surgir tantas empresas en torno a una tecnología tan rápidamente: miles de *startups* en apenas dos años, con inversiones que en el pasado habrían bastado para financiar una década entera de investigación en IA[103, 102].

La geografía de esta revolución reproduce –y amplifica– los patrones de concentración que ya conocíamos. Estados Unidos concentra la mayor parte de la inversión y las empresas más influyentes. China ha respondido con modelos propios pese a las restricciones en el acceso a los chips más avanzados. Europa tiene focos prometedores: Mistral AI en Francia, Aleph Alpha en Alemania, una escena creciente en Londres[101]. Pero más allá de la geografía, es importante reflexionar sobre lo que ocurre en la capa más profunda del ecosistema.

Entrenar un modelo de lenguaje competitivo requiere una capacidad de computación que sencillamente no está al alcance de la mayoría de las empresas. El resultado es que un puñado de compañías ha captado una parte desproporcionada de toda la inversión del sector[104] y ha construido una infraestructura de la que dependen todos los demás. Me recuerda a los primeros años de la telefonía móvil: mucha innovación visible en la superficie, pero sobre una infraestructura controlada por muy pocos actores. ¿Estamos permitiendo que se desarrolle un oligopolio tecnológico en la capa más fundamental de la próxima economía digital?

EL COSTE DE ANOTAR LOS DATOS

Los sistemas de aprendizaje supervisado a partir de datos necesitan *datos de entrenamiento anotados*. Este proceso esconde un trabajo invisible pero masivo: millones de personas en todo el mundo que dedican infinidad de horas a etiquetar imágenes, transcribir audio, identificar objetos o moderar contenidos ofensivos para que los modelos puedan aprender[105]. Es un trabajo en su mayor parte precario, frecuentemente externalizado a plataformas de microtareas en países del Sur Global, y raramente reconocido cuando se celebran los avances de la Inteligencia Artificial. Sin esa labor humana anónima y frecuentemente en condiciones de explotación, los sistemas de aprendizaje automático moderno simplemente no existirían.

Otro informe, de Accenture y Frontier Economics[106], estima el crecimiento económico que diferentes países podrían tener si invirtiesen en IA y consiguiesen incorporar sus beneficios a la economía –en comparación con el crecimiento económico de base, sin la aportación de la Inteligencia Artificial–. El modelo descrito en este informe estima que la Inteligencia Artificial tiene el potencial de duplicar las tasas de crecimiento de los 12 países estudiados, entre los que se encuentran EE. UU., Finlandia, Reino Unido, Alemania, Francia y España.

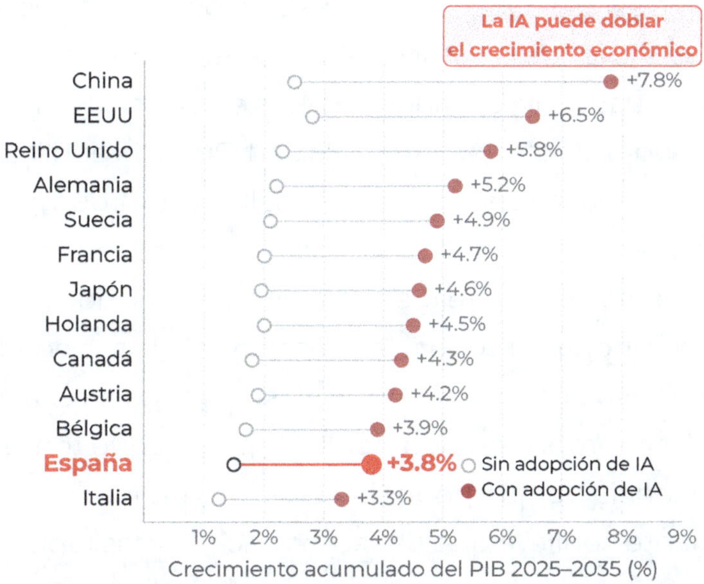

Figura 21: *Estimación del crecimiento del Producto Interior Bruto (PIB) de diferentes economías mundiales (incluyendo la española), en función de su capacidad para adoptar o no la IA, proyección 2025-2035 (fuentes: IMF "The Global Impact of AI: Mind the Gap" WP/25/76 Abril 2025, PwC AI Impact Study 2025, McKinsey Global Economics 2025).*

La Inteligencia Artificial nos permitirá disponer de una medicina de precisión personalizada, preventiva y predictiva; una educación a medida de cada uno, y permanente; ciudades inteligentes; una gestión más eficiente de los recursos; y una toma de decisiones más justa, transparente y basada en la evidencia. Pero las nuevas herramientas vendrán acompañadas de cambios sociales profundos fruto de la Cuarta Revolución Industrial anteriormente descrita, que incluyen una transformación radical del mercado laboral y de las capacidades relevantes para el siglo XXI.

Vale la pena señalar, además, que esta velocidad de desarrollo no es una ley de la naturaleza: es una elección. Un grupo de veinticuatro investigadores líderes en IA –incluyendo Yoshua Bengio, Geoffrey Hinton y Stuart Russell– publicaron en 2024 en la revista *Science* un análisis que argumenta que la velocidad actual de desarrollo de los modelos más avanzados de de Inteligencia Artificial (conocidos como modelos frontera) supera la capacidad de la sociedad para evaluar sus riesgos antes de desplegarlos a escala masiva[107]. No propugno detener la IA, pero sí que tomemos conciencia de que poder hacerlo más rápido no necesariamente conlleva que debamos hacerlo más rápido.

LA ECONOMÍA INTELIGENTE EN ESPAÑA

La economía española podría verse muy beneficiada del uso de sistemas de Inteligencia Artificial en multitud de sectores, entre ellos muchos de valor estructural como salud; el transporte; la energía; la agricultura; el turismo; el comercio electrónico; la banca; y la administración pública. Como refleja la Figura 21, la IA puede contribuir a incrementar en un 3,8 % el crecimiento del PIB español, un efecto que debería traducirse en más enriquecimiento para la sociedad en su conjunto.

El mercado laboral sufrirá una transformación profunda. En España, la Organización para la Cooperación y el Desarrollo Económico (OCDE) cifra en un 27 % los empleos susceptibles de automatización, situándose por encima de la media de la OCDE cuando se consideran efectos de tecnologías emergentes como la IA generativa y la robotización avanzada. Además, estudios académicos recientes destacan que la exposición al impacto de la IA no es uniforme: sectores de servicios metropolitanos y ocupaciones femeninas muestran mayor vulnerabilidad estructural, aunque estas proyecciones no implican necesariamente pérdida neta de empleo sino cambios en tareas y competencias. Históricamente, el desarrollo de tecnologías disruptivas con capacidad para transformar la sociedad ha conllevado históricamente la generación de nuevas oportunidades laborales y la reconfiguración de roles profesionales, aunque ello requiera la adaptación de habilidades y la puesta en marcha de políticas públicas activas[108].

En cuanto a la demanda de perfiles profesionales en España, los estudios recientes del Observatorio de las Ocupaciones del SEPE y los análisis sectoriales coinciden en que los perfiles vinculados a ingeniería, tecnologías de la información, ciencia de datos, inteligencia artificial y ciberseguridad concentran una parte sustancial de las vacantes difíciles de cubrir. El consenso de múltiples fuentes de mercado indica que la ingeniería y la tecnología dominan la demanda, y las nuevas profesiones ligadas a la IA y al análisis de datos son ahora líderes en oportunidades laborales.

Conseguir que los trabajadores y trabajadoras cuenten con la preparación necesaria exige instrumentos concretos. Algunos países ya los están poniendo en marcha. Alemania ha apostado por acuerdos sectoriales que negocian la automatización con los sindicatos antes de que los puestos desaparezcan y garantizan periodos de transición y financiación compartida entre empresas y Estado. Singapur ha desplegado SkillsFuture, un sistema de créditos formativos individuales que cada ciudadano puede activar en cualquier momento de su vida profesional y que está financiado con cargo a los beneficios corporativos de la automatización. Los países nórdicos combinan prestaciones por desempleo generosas con obligaciones activas de reconversión: nadie se queda sin ingresos, pero tampoco nadie se queda paralizado. Ninguno de estos modelos es exportable sin adaptación, pero todos comparten una premisa: la responsabilidad de la transición recae sobre las administraciones y las empresas que se benefician de ella, no exclusivamente sobre el trabajador o trabajadora que la sufre.

Si una máquina puede hacerlo, lo hará (sola o con nuestra colaboración)

El progreso tecnológico asociado a la Cuarta Revolución Industrial, especialmente desde la irrupción de la Inteligencia Artificial generativa en 2022, está creando oportunidades bien remuneradas que requieren especialización en áreas tecnológicas, como científico/a de datos. Al mismo tiempo otras profesiones se enfrentan a la automatización parcial o total: taxistas y transportistas, cajeros/as y agentes de viaje, entre muchos otros. Si una tarea puede ser automatizada, lo será, total o parcialmente. Si la tecnología puede aumentar la eficiencia de un proceso, el número de trabajadores humanos necesario para llevarlo a cabo será menor.

Tradicionalmente, el desarrollo tecnológico asociado a las revoluciones industriales anteriores tuvo impacto directo en trabajos manuales rutinarios (conocidos como *blue collar* en inglés): operarios de cadenas de montaje, cajeros, telefonistas. Hoy, en esta Cuarta Revolución Industrial, y especialmente fruto de las técnicas de Inteligencia Artificial generativa, son los puestos de entrada en sectores intelectuales (*white collar* en inglés), por ejemplo, desarrolladores junior, escritores de contenido, analistas principiantes, etc., los que se automatizan con mayor rapidez que los trabajos manuales especializados como pueden ser la fontanería, carpintería o cuidados de personas, labores que requieren una destreza física, una adaptabilidad situacional y una comprensión contextual profunda que las máquinas aún no dominan. Un análisis reciente del FMI muestra que aproximadamente el 60 % de los empleos en economías avanzadas están expuestos a la IA –frente al 40 % en economías emergentes y el 26 % en países de bajos ingresos–, lo que podría ampliar la desigualdad global[109].

Este giro resulta especialmente llamativo cuando lo comparamos con lo que los expertos predijeron hace poco más de una década. En 2013, Carl Benedikt Frey y Michael Osborne publicaron desde la Universidad de Oxford el estudio más influyente de su época sobre qué empleos estaban en riesgo de desaparecer por la automatización[110]. Su conclusión más citada –que casi la mitad de los empleos en Estados Unidos podrían ser automatizados– generó una enorme alarma social. Ese mismo estudio clasificó las profesiones creativas como las más seguras de todas: guionistas, artistas, músicos, diseñadores, etc., fueron asignados probabilidades de automatización cercanas a cero. La lógica parecía irrebatible: ¿cómo iba una máquina a escribir una novela, componer una canción o diseñar un logotipo? La creatividad era, supuestamente, el último refugio humano. Hoy sabemos que esa predicción era errónea puesto que la escritura, la ilustración, la música o el diseño gráfico son los sectores que primero han sentido el impacto directo de la IA generativa. La IA no ha impactado donde todos miraban, sino donde nadie lo esperaba.

UNA NUEVA MANERA DE TRABAJAR

Mi marido es un ávido programador desde los años noventa. Después de décadas conviviendo con alguien que investiga en IA, no ha sido hasta 2025 cuando "descubrió" la Inteligencia Artificial con la pasión de un converso reciente, hasta el punto que su tema favorito de conversación es cómo utiliza la IA para programar. De hecho, ya prácticamente no escribe código. Gestiona agentes de IA que trabajan en paralelo sobre distintos aspectos del proyecto. Quizás lo más interesante de esta anécdota es que a él nunca le ha gustado gestionar personas –las tensiones, las quejas, la negociación interpersonal– pero disfruta enormemente de este nuevo rol de *pastor de IAs* porque afirma, "nunca se cansan ni se quejan, y están siempre abiertas a probar otro enfoque".

Este ejemplo personal ilustra algo que los estudios confirman: la IA generativa no está simplemente acelerando el trabajo existente, sino cambiando qué tipo de trabajo hacemos[111, 112]. Los programadores asistidos por la IA dedican menos tiempo a sintaxis y más a arquitectura y diseño. Los consultores abordan ahora tareas que antes eran inviables por coste o tiempo. Los agentes de atención al cliente derivan su energía hacia la empatía y el juicio contextual, no hacia la búsqueda de información. La herramienta libera de las partes más mecánicas para empujar hacia las más creativas. Herramientas como Claude Code, que en 2026 ya escribe la mayor parte de su propio código base, no se limitan a autocompletar líneas sino que comprenden especificaciones complejas, proponen arquitecturas e iteran hasta alcanzar el objetivo[113].

El impacto en la educación y el trabajo

Si la sección anterior describía qué empleos están en riesgo, una pregunta quizás más incómoda es otra: ¿qué sucede con nuestra capacidad de pensar cuando la herramienta que nos automatiza no es una excavadora sino un asistente cognitivo? La llegada de ChatGPT provocó una crisis inmediata en el sistema educativo. Las y los estudiantes podían hacer los deberes y escribir redacciones completas indistinguibles de las escritas por humanos. Pero el problema real es más profundo que el plagio o la trampa. Escribir un ensayo nunca fue el objetivo en sí mismo, sino que era el medio para algo más importante: pensar y entender. Cuando tienes que organizar tus ideas en un argumento coherente, investigar fuentes, sintetizar información contradictoria, y articular unas conclusiones, tu cerebro está haciendo el trabajo cognitivo difícil que produce comprensión genuina. Es como el gimnasio: una máquina puede levantar las pesas por ti, pero entonces tus músculos no se fortalecen. El valor no está en que las pesas se muevan, sino en el esfuerzo que transforma tu cuerpo.

Ahora podemos delegar ese trabajo mental a la IA, eliminando lo que se conoce como fricción cognitiva. Obtenemos el resultado, la redacción, pero perdemos el desarrollo cognitivo que surgía del proceso de crearlo. El reto educativo no es detectar si se ha utilizado, sino algo más fundamental: ¿cómo diseñamos experiencias de aprendizaje que obliguen al cerebro a hacer el trabajo difícil de pensar, cuando existe la tentación constante de delegarlo?

Algunas instituciones prohibieron ChatGPT. Otras lo abrazaron, replanteando sus métodos de evaluación hacia el pensamiento crítico, la creatividad genuina y la capacidad de trabajar *con* la IA en lugar de competir contra ella. La pregunta fundamental no es si usamos IA en educación, sino cómo la utilizamos: ¿diseñamos sistemas que potencien el pensamiento crítico del estudiante, o que lo reemplacen? De aquí surge el concepto de "alfabetización en IA" con el objetivo que los estudiantes aprendan no solo a usar estas herramientas, sino a entender sus capacidades, limitaciones y las implicaciones éticas de su uso.

Esta preocupación es central en mi propio trabajo. Desde ELLIS Alicante, mi equipo y yo desarrollamos `Maike`, un chatbot educativo que aplica el método socrático para fomentar el desarrollo del pensamiento crítico a través de las preguntas, en lugar de dar respuestas automáticas. El objetivo es precisamente evitar esa delegación del esfuerzo cognitivo: si queremos que las y los estudiantes desarrollen el pensamiento crítico, la creatividad y sus habilidades socio-emocionales, capacidades que, si no se ejercitan, se atrofian, necesitamos herramientas de IA que les obliguen a pensar, no que piensen por ellos y ellas. Es la diferencia entre un entrenador que te anima a correr más rápido y una máquina que corre por ti.

En el mundo laboral, el impacto es igualmente profundo. Profesiones que históricamente habían sido inmunes a la automatización como la abogacía, la medicina, la programación o el diseño, se enfrentan ahora a asistentes de IA que pueden realizar, probablemente mejor que el mejor de los humanos, muchas de sus tareas rutinarias.

Pero, ¿significa esto que muchas profesiones serán automatizadas, con la consecuente pérdida de empleo? La respuesta requiere un análisis complejo y con matices. Los programadores que usan herramientas como GitHub Copilot reportan ser más productivos, no porque la IA escriba todo el código, sino porque automatizan las partes tediosas, lo que les permite concentrarse en los problemas complejos. Los escritores quizás utilicen la IA para superar bloqueos creativos, generar primeros borradores o explorar ideas, pero su perspectiva, estilo, intencionalidad y mensajes únicos son insustituibles.

El caso de las profesiones creativas merece un análisis específico, precisamente porque son las que han vivido el impacto más inesperado y más rápido. Diseñadores gráficos, ilustradores, fotógrafos de banco de imágenes y compositores de música de biblioteca han visto cómo mercados enteros se transformaban en menos de dos años. Un estudio con más de cuatro millones de obras y cincuenta mil artistas confirmó que la IA generativa aumenta la productividad creativa, pero reduce simultáneamente la novedad visual promedio de las obras producidas[114]: se genera más, pero converge hacia patrones más homogéneos. El impacto económico es aún más preocupante en el sector musical y audiovisual: el primer estudio global sobre el tema, encargado por la Confederación Internacional de Sociedades de Autores y Compositores (CISAC), estima que la IA generativa podría poner en riesgo el 24 % de los ingresos de los creadores musicales y el 21 % de los audiovisuales para 2028, con pérdidas acumuladas de más de 20.000 millones de euros en cinco años[115]. No es que la creatividad humana haya perdido valor artístico — es que el mercado de encargos rutinarios, los que pagaban el alquiler mientras se construía una carrera, se ha contraído de forma acelerada. Para un diseñador o ilustrador junior hoy, la IA no es solo una herramienta: es también la competencia directa en el segmento de trabajo de menor coste que históricamente había sido el punto de entrada a la profesión. La huelga de los guionistas de Hollywood (véase el recuadro) fue la primera señal de que los trabajadores creativos son conscientes de esto y están dispuestos a organizarse para negociar las condiciones de esa transición.

Desde un punto de vista laboral, la adopción generalizada de herramientas de IA generativa plantea una preocupación más profunda sobre las posibilidades de las nuevas generaciones para conseguir un primer trabajo y aprender en el mismo. Tradicionalmente, los trabajos de nivel inicial, posiciones en prácticas, becarios o asistentes, involucraban tareas un tanto mecánicas y tediosas: formatear documentos, hacer resúmenes de reuniones, redactar primeros borradores, etc. Labores fácilmente automatizables con IA. Sin embargo, es importante no olvidar que esas tareas nunca fueron el objetivo sino el medio para entender el negocio. Cuando un becario tiene que resumir un informe de mercado, debe leerlo cuidadosamente, entender las tendencias y analizar la toma de decisiones. Cuando un asistente legal revisa contratos, aprende la estructura, el lenguaje y las implicaciones. El trabajo "de baja cualificación" es en realidad un mecanismo para el aprendizaje profesional y la transición del mundo académico al laboral. Si delegamos esas tareas en la IA, ¿cómo va a construir la gente joven esa comprensión profunda de su ámbito profesional que antes surgía naturalmente de ese trabajo aparentemente rutinario? Es un problema similar al concepto de la delegación cognitiva en el contexto educativo, pero ahora relativo a la incorporación al mundo laboral.

En entornos clínicos la misma dinámica cobra una urgencia específica. Una enfermera o médico que aprende a valorar el deterioro de un paciente mirando las alertas de un sistema de monitorización puede no desarrollar la misma capacidad de observación directa que una generación anterior adquiría sin esa mediación fruto de lo que se conoce como *cognitive offloading*, el uso de recursos físicos o tecnológicos para reducir la demanda de procesamiento mental interno. Esta descarga cognitiva sistemática puede atrofiar el desarrollo de modelos mentales internos robustos. Mientras que generaciones anteriores se veían obligadas a la observación directa, los profesionales actuales pueden sufrir una desconexión de las habilidades perceptivas debido a esta mediación tecnológica. El riesgo no es la herramienta en sí, sino perder la habilidad de prescindir de ella. Un médico que siempre delega en el algoritmo puede acabar sin el criterio clínico necesario para detectar los casos que el algoritmo nunca ha visto antes —exactamente el tipo de situación en la que el juicio humano sigue siendo irreemplazable.

LA HUELGA DE LOS GUIONISTAS DE HOLLYWOOD

La huelga de los guionistas de Hollywood tuvo lugar entre el 2 de mayo y el 27 de septiembre de 2023, y había sido convocada por el Writers Guild of America. Constituye una protesta histórica en la que los guionistas exigieron mejores salarios, mayores regalías en la era del *streaming* y límites claros en el uso de Inteligencia Artificial en la escritura de guiones. Durante cuatro meses, gran parte de la producción televisiva y cinematográfica en Estados Unidos quedó paralizada y se puso en evidencia el impacto de los cambios tecnológicos y de modelo de negocio en la industria audiovisual.

Uno de los temores que impulsó la huelga fue que los estudios intentaran usar Inteligencia Artificial para reemplazar el trabajo creativo de los guionistas, ya fuera generando borradores de guiones o usando IA para producir "material fuente" que conllevase una devaluación tanto del valor económico como del reconocimiento de los escritores humanos. Ese miedo es lo que llevó al sindicato a exigir límites estrictos sobre cómo puede usarse esa tecnología.

La huelga puso de manifiesto que el conflicto no era solo laboral, sino también cultural y tecnológico: frente a un modelo de *streaming* que diluye ingresos y a la irrupción de la Inteligencia Artificial, los guionistas -—representados por la Writers Guild of America—- defendieron la idea de que la creatividad humana no puede reducirse a un insumo automatizable sin perder valor artístico y ético. La huelga funcionó como una advertencia temprana sobre la necesidad de establecer reglas claras que permitan aprovechar las capacidades de la IA sin que esta desplace, precarice o invisibilice el trabajo creativo.

En consecuencia, la demanda laboral está experimentando un sesgo en beneficio de habilidades profesionales especializadas, y en perjuicio de ocupaciones rutinarias y mecánicas. Esta tendencia permite pronosticar un cambio completo en la estructura ocupacional, una transformación que probablemente conlleve riesgos para la sociedad si no nos adaptamos.

Según un análisis de McKinsey, un tercio de los nuevos puestos de trabajo creados en EE. UU. en las décadas previas a la automatización masiva por IA pertenecen a disciplinas que no existían anteriormente y se sitúan en áreas como las tecnologías de la información, la fabricación de hardware, la creación de aplicaciones móviles o la gestión de sistemas tecnológicos[116]. La irrupción de la IA generativa desde 2022 está acelerando este proceso de creación y sustitución de perfiles profesionales a una velocidad que supera la de cualquier revolución tecnológica anterior.

En la próxima década el empleo se concentrará en funciones cualificadas y con mayor aportación de valor, llegando a tasas de paro inferiores al 3,5 % para estos perfiles, frente a un 20 % en profesiones de baja cualificación. Estos datos no implican necesariamente un aumento del desempleo. A escala global, el informe sobre El Futuro del Trabajo 2025 del Foro Económico Mundial[117] proyecta la creación de 170 millones de empleos en los próximos cinco años, con el desplazamiento de 92 millones de roles, lo que resulta en un crecimiento neto de 78 millones de puestos de trabajo. Específicamente, la IA y el procesamiento de datos por sí solos crearán 11 millones de nuevos roles y reemplazarán 9 millones, lo que implica un impacto neto positivo.

La Comisión Europea[118], por su parte, anticipa que hará falta cubrir entre 700.000 y 900.000 nuevos puestos de trabajo tecnológicos a corto plazo.

La clave es que estas nuevas oportunidades laborales serán de naturaleza muy distinta a los puestos que se verán desplazados por la IA. Por ello, ¿estamos preparados, como sociedad, para suplir la demanda de nuevas ocupaciones derivadas de la IA?

Considero que no. Si no transformamos nuestros programas educativos, no lo lograremos. Es de vital importancia que invirtamos en la formación de profesionales cuyo trabajo va a verse afectado por el desarrollo de la Inteligencia Artificial, de manera que puedan seguir contribuyendo a la sociedad.

Pero hay un riesgo más profundo que el desplazamiento laboral. Los primeros estudios sugieren un patrón que podríamos llamar la paradoja del *output*: la IA aumenta la producción mientras puede erosionar la comprensión[119, 120]. Estudiantes que escriben con IA tienden a producir textos de mayor calidad superficial pero a retener peor el contenido en algunos contextos medidos. Programadores que usan asistentes de IA terminan ciertas tareas más rápido pero muestran en algunos estudios más dificultades para explicar o depurar lo que han producido. La investigación en este campo es aún incipiente y los resultados varían según el tipo de tarea, el nivel educativo y cómo se mide la comprensión. Por ello, sería prematuro generalizar. Pero la hipótesis es lo suficientemente sólida como para tomarla en serio. Además, si la llevamos a un hipotético extremo, podemos encontrarnos con sistemas de IA generando tal volumen de documentos que se necesita otra IA para leerlos y resumirlos. En ese escenario, ¿seguimos los humanos haciendo trabajo cognitivo real o simplemente gestionamos un teatro de productividad donde las máquinas escriben para otras máquinas[121]? El juicio humano sobre qué construir, por qué y para quién sigue siendo insustituible. Cómo naveguemos esta tensión determinará si la IA amplifica o degrada el trabajo humano[122].

QUÉ PERFILES TRABAJAN EN INTELIGENCIA ARTIFICIAL

Cuando pensamos en las personas que construyen los sistemas de IA que usamos a diario, tendemos a imaginar ingenieras e ingenieros frente a pantallas llenas de código. La realidad es mucho más diversa e interesante.

Los equipos que desarrollan los grandes modelos incluyen especialistas en aprendizaje automático y arquitectura de sistemas. Pero también lingüistas que diseñan las instrucciones de entrenamiento y evalúan la calidad de las respuestas en decenas de idiomas; psicólogos y psicólogas que estudian cómo las personas interactúan con los sistemas conversacionales; expertas y expertos en filosofía y ética que trabajan en los principios que guían el comportamiento del modelo; sociólogas y sociólogos que auditan los sesgos en los datos de entrenamiento; abogadas y abogados especializados en privacidad y propiedad intelectual; diseñadoras y diseñadores de experiencia de usuario; y especialistas de el área concreta de aplicación, por ejemplo, medicina, derecho, educación, periodismo, que evalúan si el sistema funciona correctamente en su campo.

Hay además un colectivo frecuentemente invisible: quienes etiquetan datos. Clasificar millones de imágenes, anotar conversaciones, señalar respuestas incorrectas o dañinas —tareas esenciales para que el modelo aprenda— las realizan mayoritariamente trabajadoras y trabajadores subcontratados en Kenia, Filipinas, India o Venezuela, a menudo en condiciones laborales y salariales muy alejadas de las de los ingenieros de los grandes laboratorios. Sin su trabajo, invisible y apenas remunerado, los modelos que hoy usamos no existirían.

Esta diversidad de perfiles importa porque los valores, los supuestos y los puntos ciegos de quienes construyen un sistema se filtran inevitablemente en lo que ese sistema produce. Un equipo homogéneo —en género, origen geográfico, formación o perspectiva cultural— construirá un sistema con los sesgos de ese grupo. La diversidad no es solo una cuestión de justicia: es una condición de calidad técnica. Y su falta es también, en parte, la razón por la que tantos de los retos descritos en el próximos capítulo existen.

En continuo aprendizaje

Estamos progresando hacia un modelo de aprendizaje continuo a lo largo de la vida, un modelo en el que cada persona actualiza y diversifica su carrera profesional de manera permanente.

Gracias a la tecnología disponemos de sistemas de formación continua como los llamados *cursos masivos* en línea

–MOOC en sus siglas en inglés–, que ofrecen, de manera escalable y económica, oportunidades de aprendizaje a cualquier persona desde cualquier lugar. Deberíamos asegurarnos de que los profesionales pueden aprender tecnologías emergentes en sus ámbitos de actividad, y así continuar cumpliendo una función incluso –y especialmente– si sus áreas de competencia se ven afectadas por la automatización.

Esta necesidad de aprendizaje constante, consecuencia del cambio también incesante causado por el progreso tecnológico, puede ser difícil de gestionar desde un punto de vista emocional. Como bien sabemos, los humanos solemos ser resistentes al cambio, especialmente conforme envejecemos. Deberíamos por tanto contemplar la posibilidad de que algún colectivo sea incapaz de adaptarse a la permanente necesidad de aprendizaje, lo que lo privaría de las herramientas necesarias para contribuir a la sociedad del mañana.

Corremos el riesgo de que este grupo social se convierta, en palabras del historiador Yuval Noah Harari, en una "clase inútil"[123]. La expresión es deliberadamente provocadora y ha recibido críticas justificadas por su determinismo: da por hecho que la tecnología desplaza sin que la política ni la sociedad puedan redirigir ese proceso. Algunas respuestas propuestas en este contexto son la implementación de un salario básico universal o la provisión universal y gratuita de las necesidades básicas por parte de los gobiernos.

Más allá del mercado laboral, el desarrollo e implantación de una Inteligencia Artificial centrada en las personas requiere un empoderamiento de la ciudadanía. Una condición necesaria para ese empoderamiento es el conocimiento —no solo saber usar las herramientas, sino entender su lógica, sus límites y sus implicaciones éticas. Las siguientes secciones exploran qué tipo de conocimiento necesitamos y cómo construirlo.

La asignatura pendiente: el 'Pensamiento Computacional'

Necesitamos invertir en educación formal e informal. De lo contrario será muy difícil, si no imposible, que como sociedad seamos capaces de tomar decisiones sobre tecnologías que no entendemos, y que en consecuencia con frecuencia tememos. Coincido plenamente con las palabras de Marie Curie, "nada en la vida debería temerse, sino entenderse. Ahora es momento de entender más para así temer menos". Pero ¿dónde estamos? ¿Qué nivel de conocimiento tecnológico tenemos, tanto niños y jóvenes como adultos?

En el libro *Los nativos digitales no existen*[124] exploro estas preguntas en el capítulo *Erudit@s digitales*, que enfatiza la necesidad de enseñar Pensamiento Computacional en la educación obligatoria, así como de desarrollar el pensamiento crítico, la creatividad y la inteligencia social y emocional. Son habilidades que hoy descuidamos, y sin embargo cada vez van a resultar más importantes para nuestra salud mental y nuestra coexistencia pacífica y armoniosa con la tecnología, con otros humanos y con nuestro planeta.

El término *alfabeto digital* se refiere a quienes saben utilizar una amplia gama de dispositivos digitales, como teléfonos móviles, ordenadores, tabletas, etc. Desde este punto de vista podríamos considerar que la gran mayoría de nuestros jóvenes, adolescentes y niños son alfabetos digitales. Según un estudio reciente de Pew Research Center sobre el uso de la tecnología en los adolescentes estadounidenses, un 95 % de ellos tienen un smartphone, un 90 % tienen acceso a un ordenador y un 46 % reconocen estar conectados casi constantemente[125].

Este nivel de adopción de la tecnología es sin duda una buena noticia, ya que numerosos estudios corroboran el impacto positivo del acceso a la tecnología e internet en el desarrollo de un país. Así pues, observando estas cifras podríamos pensar que las nuevas generaciones están plenamente preparadas para ser competentes en el mundo digital. Después de todo, son nativos digitales. ¿O tal vez no?

Es fundamental no confundir el saber usar una tecnología con saber cómo funciona. Y aunque nuestros hijos vivan enganchados a ella, tanto chicos como chicas, ¿cuántos de ellos saben cómo funciona esa tecnología alrededor de la cual gira su vida?

Parecería que muy pocos. Un estudio europeo de 2014 (Horizon) ya enfatizaba los deficientes niveles de competencia digital de los niños y adolescentes europeos –una advertencia que los datos posteriores no han desmentido–. Un informe de EU Kids Online[126] de 2020 subraya que dos tercios de los niños británicos de entre 9 y 10 años saben sobre internet tanto como sus progenitores. En lo que se refiere al conocimiento de la tecnología en la ciudadanía, también queda todavía mucho camino por recorrer. Una encuesta de la Fundación Española de la Ciencia y la Tecnología (FECYT)[127] de 2020 arroja resultados preocupantes: solo un 16,3 % de los españoles sienten interés por la tecnología o la ciencia, un porcentaje que desciende al 13,7 % cuando se considera únicamente a las mujeres. Datos más recientes de Eurostat (2024) confirman que la brecha de interés y competencia digital persiste en toda la UE, aunque con diferencias significativas entre países.

En vista de estos resultados, la Comisión Europea publicó en 2018 un *Plan de acción de la educación digital*, que incluye once acciones para fomentar el uso de la tecnología y el desarrollo de competencias tecnológicas a través de la educación. El Plan señala tres prioridades: hacer un mejor uso de la tecnología digital para la enseñanza y el aprendizaje; desarrollar competencias y habilidades digitales de relevancia para la transformación digital; y mejorar los sistemas educativos a través del análisis de datos y procesos de previsión.

Desde un punto de vista formal, la educación obligatoria de muchos países del mundo ya incorpora en todas o algunas de sus etapas una asignatura troncal de Pensamiento Computacional. Algo así como aprender a pensar como una máquina para poder utilizarla en la resolución de problemas, y de este modo conseguir que todos podamos beneficiarnos de la capacidad de los ordenadores para buscar soluciones óptimas.

No es una idea nueva. El término fue empleado por primera vez por Seymour Papert en su libro de 1980 titulado

Desafío a la mente: computadoras y educación. Seymour era en aquel momento codirector con Marvin Minsky del laboratorio de Inteligencia Artificial de MIT y fue pionero en el uso de los ordenadores para el aprendizaje de los niños. Creó, entre otros, el lenguaje de programación Logo con fines educativos.

En 2006, Jeanette Wing –en ese momento en la Universidad de Carnegie Mellon– escribió un artículo[128] para la publicación de la Asociación de Maquinaria de Computación, *Communications of the ACM*, que dio visibilidad a la importancia del Pensamiento Computacional como una habilidad y una actitud valiosa para todas las personas, no solo para los expertos/as en informática. Para Wing, "el Pensamiento Computacional describe la actividad mental orientada a formular un problema de manera que admita una solución computacional. Esta solución puede ser llevada a cabo por humanos o por máquinas, o por una combinación de humanos y máquinas".

Como asignatura, el Pensamiento Computacional abarca cinco áreas de conocimiento básicas en un contexto tecnológico, adaptadas a cada nivel educativo: los algoritmos, los datos, las redes, la programación y el hardware. Existen ejemplos de currículos de Pensamiento Computacional de distintos países del mundo, que pueden tomarse como referencia. Uno de los esfuerzos de mayor envergadura es probablemente el de Reino Unido, que incorpora un currículum de Pensamiento Computacional en todos los colegios a partir de los cinco años. Además, hay programas específicos para atraer a las niñas a las ciencias y la tecnología. Merece recordar también la iniciativa lanzada en 2016 en EE. UU. por el entonces presidente Barack Obama, dotada con 4.000 millones de dólares, para universalizar el estudio de la informática y las competencias digitales en los colegios del país –uno de los primeros compromisos gubernamentales de gran escala en esta dirección, que sirvió de referencia para políticas similares en Europa y América Latina–.

Sin embargo, la implementación varía significativamente entre países. Mientras que Reino Unido, Estonia y Finlandia cuentan con asignaturas específicas y troncales de Pensamiento Computacional desde educación primaria, España optó por una integración transversal –insertando estos contenidos dentro de matemáticas, tecnología y otras materias– en lugar de crear una asignatura independiente[129]. No obstante, la ejecución ha resultado profundamente desigual entre Comunidades Autónomas.

Uno de los mayores retos con respecto al éxito en la incorporación del Pensamiento Computacional en la educación obligatoria es la inversión ambiciosa en la necesaria formación al profesorado. De hecho, la investigación muestra que gran parte del profesorado intenta enseñar estos contenidos sin haber recibido formación suficiente para hacerlo[130].

La explosión de la IA generativa entre 2022 y 2026 nos obliga ahora a ir más allá del Pensamiento Computacional tradicional. Necesitamos alfabetización en IA (*AI literacy*): comprender cómo funciona la Inteligencia Artificial, reconocer sus limitaciones inherentes –alucinaciones, sesgos, falta de razonamiento causal–, utilizar estas herramientas de manera ética y crítica sin delegar completamente nuestro pensamiento, y comprender su profundo impacto social y laboral[131, 132]. La UNESCO ha desarrollado marcos de competencias específicos para integrar esta alfabetización en IA en la formación docente, reconociendo que el Pensamiento Computacional clásico, aunque fundamental, resulta insuficiente para navegar la era de los modelos generativos[133]. Desde mi experiencia trabajando con instituciones educativas, veo claramente que esta evolución curricular ya no es opcional: es una necesidad.

Algunos países ya han dado pasos concretos. Finlandia y la Comisión Europea impulsaron *Elements of AI*, un curso gratuito de alfabetización en IA que ha alcanzado a más de un millón de personas en 170 países y está disponible en 26 idiomas — una de las iniciativas de divulgación tecnológica de mayor alcance hasta la fecha, con una participación especialmente destacable entre mujeres (40 %) y mayores de 45 años[134]. China, por su parte, ha integrado la IA en los currículos de primaria y secundaria con una tasa de adopción del 92 % en zonas urbanas, respaldada por un mandato del Ministerio de Educación para universalizar esta formación antes de 2030. Sin embargo, una investigación reciente que analizó 98 sesiones de clase encontró que solo el 35,7 % abordaba habilidades de orden superior y que los contenidos de ética aparecían en apenas el 5,1 % de las instrucciones[135]. El alcance es impresionante; la calidad, desigual. Ninguno de los dos casos ofrece todavía evidencia sólida de impacto en competencias reales, pero ambos demuestran que integrar la alfabetización en IA en los sistemas educativos nacionales es posible — y urgente.

Los niños y niñas de los países donde se incorpore esta asignatura serán conscientes del valor de sus datos personales, entenderán cómo se comunican las máquinas entre sí y cómo funcionan el *World Wide Web*, los buscadores, las redes sociales y, como no, su chatbot favorito. A esos niños y niñas se les están brindando oportunidades para desarrollar sus competencias digitales. ¿Y a los nuestros?

Corremos el riesgo de que haya una élite minoritaria –y homogénea– de expertos que saben cómo funciona la tecnología y son capaces de crearla, erigiéndose así en constructores exclusivos de un futuro a su medida. Mientras tanto, una gran masa de gente usará esa tecnología que otros han creado y quedará excluida –excepto como consumidores– de ese futuro tecnológico.

Es importante destacar que la inacción no va a resolver la situación. Creo firmemente que la educación que permita a nuestros niños llegar a ser erudit@s digitales (véase el recuadro «erudit@s digitales») es una inversión prioritaria para cualquier sociedad que quiera aprovechar el potencial de la IA sin quedar a merced de ella. Y considero igual de urgente poner en marcha acciones para fomentar vocaciones científico-tecnológicas entre nuestros jóvenes –dada la inmensa demanda anticipada en profesiones tecnológicas–, especialmente entre las chicas, ya que en el ámbito tecnológico hay una preocupante falta de diversidad de género. Como veremos a continuación, la diversidad enriquece, tanto literal como metafóricamente.

El mundo necesita más *erudit@s digitales*, formarlos está en nuestras manos, como explico a continuación. Pero esta formación no puede limitarse a las aulas: las personas mayores –que interactúan a diario con algoritmos de diagnóstico médico, ventanillas administrativas automatizadas y sistemas de ayudas sociales basados en IA– necesitan esta alfabetización con la misma urgencia que los jóvenes, y con menos recursos para adquirirla.

ERUDIT@S DIGITALES

Una persona *erudita digital* entiende la diferencia entre, por ejemplo, llamar vía *WhatsApp* y por teléfono tradicional; sabe qué son y cómo se usan sus datos personales capturados *online*; conoce el término *Big Data*, y el valor de las cantidades ingentes de datos; está familiarizada con el funcionamiento de internet, una red social o un móvil/ordenador; sabe programar; y entiende cómo funciona ChatGPT, entre otras habilidades.

Ser erudito digital comporta poder apoyarse en la tecnología para desarrollar el propio potencial, y contribuir a desarrollar el potencial de la tecnología como herramienta para fomentar la creatividad, resolver problemas, crear oportunidades y, en general, mejorar la calidad de vida.

Ser *erudito digital* implica saber cómo distinguir entre el contenido veraz y el no veraz, poder contrastar contenidos digitales y crear nuevos contenidos propios.

Sin embargo, además de las capacidades técnicas será fundamental desarrollar la creatividad y los aspectos emocionales y sociales de nuestra inteligencia. Serán estas habilidades las que nos ayudarán a sacar el máximo partido de una tecnología que cada vez va a ser más potente –incluso superará nuestras habilidades–, y al mismo tiempo más adictiva.

Por ello, ser erudito digital requiere también desarrollar capacidad de autocontrol y sentido crítico. Son estas habilidades las que sirven de guía a la hora de discernir entre el uso apropiado y el no apropiado de la tecnología, entre el uso productivo y constructivo, y el que no es ni productivo ni constructivo.

Los nativos digitales no nacen, se hacen: hacia una sociedad de erudit@s digitales

Las habilidades y los conocimientos necesarios para los jóvenes de hoy deben enseñarse, no se aprenden simplemente usando la tecnología. Es una de las conclusiones de estudios internacionales sobre alfabetización digital de los últimos años[136]. Las y los adolescentes actuales enfrentan desafíos que no existían hace una década: distinguir contenido humano de contenido generado por IA –texto, imágenes, vídeos *deepfake*–, reconocer desinformación sintética creada algorítmicamente, entender cómo los algoritmos de redes sociales moldean su atención y sus emociones, proteger su privacidad en un entorno de vigilancia permanente, y utilizar la IA generativa con criterio, sin delegarle el pensamiento propio.

Lo preocupante es que solo una minoría de estudiantes de 15 años en países de la OCDE demuestra capacidad para evaluar críticamente la fiabilidad de fuentes digitales[137], y todo indica que esta proporción ha empeorado desde la explosión del contenido sintético. Incluso estudiantes universitarios luchan para distinguir qué ha escrito un humano de qué ha generado una IA[138]. La fluidez técnica superficial puede coexistir con una vulnerabilidad real ante la manipulación y la desinformación[139]. Esta aparente paradoja debería preocuparnos.

Los estudiantes, revela este trabajo de la OCDE, no adquieren las capacidades digitales necesarias si estas no se les enseñan formalmente. En otras palabras, para contribuir realmente a la sociedad del futuro no basta con ser usuario de la tecnología. Ese es obviamente un primer paso para poder orientarse –¿sobrevivir? – en un mundo altamente automatizado. La diferencia entre generaciones que moldean el futuro tecnológico y generaciones que lo consumen pasivamente está, en gran medida, en si adquieren o no esas capacidades para ser erudit@s digitales.

Enseñar cómo funciona la tecnología –no solo cómo usarla– es la línea que separa a los usuarios de los diseñadores. Una cosa es usar y consumir, y otra muy distinta conocer.

Por ello propongo que dediquemos esfuerzos para fomentar una cultura de erudit@s digitales. El concepto de *erudición digital* conlleva dimensiones tanto de conocimiento técnico de la tecnología, como de desarrollo de la creatividad, el pensamiento crítico y de herramientas emocionales y sociales para tomar decisiones, colaborar y contribuir en la sociedad del futuro.

Desde un punto de vista de los conocimientos técnicos, ser erudito digital implica conocer con detalle cómo funciona la tecnología que usamos en nuestro día a día, para poder crear a su vez nuevas herramientas que contribuyan al progreso y nos ayuden a afrontar los retos globales. La solución a problemas tan poco triviales como el calentamiento global, la crisis energética, el envejecimiento de la población o la brecha entre ricos y pobres tendrá en muchos casos un fuerte componente tecnológico, y de tecnología que aún no hemos inventado.

Ser erudit@ digital implica dominar el Pensamiento Computacional –como he descrito anteriormente, pero no únicamente–. La empatía, la paciencia, la perseverancia, la concentración mantenida en una tarea compleja, la tolerancia, la flexibilidad, la habilidad de gestionar el aburrimiento o de aceptar una gratificación a largo plazo son igualmente cualidades muy valiosas en el contexto actual.

Son, también, cualidades que difícilmente podemos desarrollar y cultivar con experiencias exclusivamente tecnológicas, diseñadas para gratificarnos inmediatamente y con frecuentes interrupciones. Pero la erudición digital no es solo conocimiento técnico. Hay una dimensión más personal: cultivar las cualidades que nos hacen humanos en un entorno diseñado para capturar nuestra atención.

La dimensión personal: cultivar lo que nos hace humanos

Construir una sociedad donde la IA beneficie a todos comienza por cada una de nosotras y nosotros. La gobernanza institucional es necesaria, pero no suficiente: necesitamos también ciudadanía empoderada, capaz de mantener su autonomía cognitiva y emocional en un entorno tecnológico diseñado para capturar nuestra atención. En la era de los sistemas de IA más potentes de la historia, las habilidades más valiosas son profundamente humanas: la capacidad de concentrarse, de tolerar el aburrimiento, de pensar a largo plazo y de relacionarse cara a cara. Son estas habilidades las que nos permiten ser agentes activos –y no meros consumidores– del futuro tecnológico que estamos construyendo.

Soy consciente de que cultivar la atención o gestionar el tiempo de pantalla son preocupaciones que presuponen un nivel mínimo de estabilidad material. Para quien trabaja tres empleos o vive en una zona sin acceso fiable a internet, estas reflexiones pueden sonar a privilegio. Pero los algoritmos que capturan la atención –y los daños que causan– no distinguen entre ricos y pobres: llegan antes y con menos fricción precisamente a quienes tienen menos recursos para resistirlos. La desigualdad digital no es solo una cuestión de acceso a la tecnología, sino también de capacidad para relacionarse con ella en términos propios.

Golosinas para el cerebro

La gratificación a largo plazo se asocia con la capacidad de rechazar un premio inmediato pero pequeño, a cambio de conseguir otro mayor, más tarde. En la literatura científica se han encontrado conexiones entre la capacidad para la gratificación a largo plazo y el éxito académico, la salud física y psicológica, y las habilidades sociales. La gratificación a largo plazo está asociada con la paciencia, el control de los impulsos, la fuerza de voluntad y el autocontrol, habilidades que forman parte de la función de autorregulación de las personas.

Según numerosos trabajos[140], la gratificación a largo plazo es una habilidad con impacto positivo en nuestra vida, uno de los elementos que nos permite perseverar en tareas que no dan sus frutos de inmediato. ¿Pero qué relación tiene la tecnología con la gratificación a largo plazo?

La tecnología de hoy en día, con una cantidad ilimitada de estímulos altamente atractivos para nuestras neuronas, es como una golosina para nuestro cerebro. Además, suele enfocarnos en el momento presente, el ahora, lo que aumenta nuestra susceptibilidad a la gratificación a corto plazo y nos hace más difícil pensar a largo plazo.

Según el profesor emérito de psicología de la Universidad de Stanford, Philip Zimbardo, autor del libro *La paradoja del tiempo: La nueva psicología del tiempo*, la tecnología está impactando nuestra percepción del tiempo y nuestra manera de pensar. "La tecnología crea una obsesión con el tiempo, pero está muy enfocada en el corto plazo, en el momento presente", afirma Zimbardo.

Desde un punto de vista psicológico lo ideal es encontrar un equilibrio entre tres horizontes temporales. Es importante mirar al futuro, porque eso nos motiva a perseverar en la obtención de objetivos a medio-largo plazo; también lo es mantener una perspectiva positiva del pasado, de manera que cuando reflexionemos sobre nuestra vida y hechos pasados tengamos una sensación placentera; y, finalmente, hay que incorporar una vivencia hedonista del presente, para poder disfrutar del momento, de los amigos y familiares.

Cada vez tenemos una relación más íntima e intensa con la tecnología: miramos constantemente nuestros dispositivos móviles, enviamos y recibimos mensajes, nos conectamos a través de redes sociales y somos interrumpidos por notificaciones cada vez más abundantes. Según datos de Nielsen, los adultos estadounidenses dedican más de 8 horas y media diarias al consumo de medios y tecnología[141].

Esta omnipresencia de la tecnología nos somete a un estado de presente hedonista. Con nuestra atención secuestrada, permanecemos concentrados mayoritariamente –y a veces exclusivamente– en el ahora, lo que dificulta nuestra capacidad para encontrar el necesario equilibrio con las otras dos perspectivas temporales fundamentales en nuestra vida: el medio-largo plazo, y el pasado.

Este estado de conexión permanente nos proporciona estímulos de manera casi inmediata, acelerando nuestro sentido del tiempo y fomentando la impaciencia cuando algo tarda más de unos segundos en suceder. Los sistemas de recomendación basados en IA –el algoritmo de TikTok, los *feeds* de Instagram y YouTube, las notificaciones personalizadas– han llevado este mecanismo a una nueva escala: ya no esperamos a que llegue un mensaje, sino que el sistema nos sirve contenido continuamente, calibrado al milímetro para maximizar el tiempo que pasamos mirando la pantalla.

El mecanismo psicológico central es la incertidumbre: el premio –un *me gusta*, un vídeo que nos atrapa, un mensaje inesperado– no está asegurado, y ese factor de aleatoriedad resulta más efectivo para hacernos volver repetidamente a la tecnología que si el premio fuese consistente. Los algoritmos de IA generativa han amplificado este fenómeno aún más: un chatbot que siempre responde, que nunca se cansa y que adapta su tono a nuestro estado emocional es una golosina de gratificación instantánea sin precedentes históricos.

En una interesante charla TED, Tom Chatfield, diseñador de videojuegos, explica cómo, después de analizar datos sobre millones de jugadores, los diseñadores de videojuegos descubrieron que la manera más efectiva de mantener a las personas ante la pantalla es precisamente concederles un premio –por ejemplo, pasar un nivel, recolectar monedas, etc.– al menos el 25 % de las veces que intentan conseguirlo.

Otro ejemplo de la efectividad de estas gratificaciones aleatorias son las máquinas de jugar en los casinos. Estudios con animales muestran que los premios aleatorios no solo motivan a los animales a realizar una cierta tarea, sino también a hacerla mejor que si reciben premios seguros cada vez que la hacen bien.

Este diseño deliberadamente adictivo, ha llegado a los tribunales, finalmente y tras dos décadas. En octubre de 2023, los fiscales generales de cuarenta y dos estados de los Estados Unidos presentaron una demanda colectiva contra Meta –empresa propietaria de Facebook e Instagram– acusando a la compañía de conocer los daños que sus plataformas causaban en los menores y de haber diseñado de manera intencional funciones adictivas, entre ellas la notificación de *me gusta*, el desplazamiento (*scroll*, en inglés) infinito y los filtros de belleza, para maximizar el tiempo que niñas, niños y adolescentes pasaban ante la pantalla[142]. Ese mismo mes, cientos de distritos escolares de todo el país presentaron demandas similares contra YouTube, TikTok y Snapchat[143]. Las denuncias se apoyaban en evidencia científica creciente sobre cómo estas plataformas explotan la neurobiología adolescente causando daños documentados en la salud mental de millones de jóvenes[144][145]. La clave jurídica de estas demandas residía en una distinción novedosa: las plataformas habían invocado durante años la llamada *Sección 230* de la ley estadounidense de comunicaciones, que las blindaba de cualquier responsabilidad por los contenidos publicados por terceros. Pero los demandantes argumentaron que el daño no provenía de los contenidos de los usuarios, sino de las propias decisiones de ingeniería de las plataformas: el desplazamiento infinito, la reproducción automática de vídeo, los bucles de notificaciones y la ausencia de controles parentales. Este diseño es obra exclusiva de las empresas y la Sección 230 no cubre la responsabilidad por un producto defectuoso. La distinción *conducta frente a contenido* resultó decisiva.

En marzo de 2026 llegaron los primeros veredictos favorables a los demandantes. El 24 de marzo, un jurado en Nuevo México condenó a Meta a pagar 375 millones de dólares por no proteger a menores de depredadores en Instagram y Facebook, al amparo de las leyes de protección al consumidor del estado. Al día siguiente, un segundo jurado en Los Ángeles declaró a Meta y a YouTube –filial de Google– culpables de negligencia por los daños psicológicos causados a una joven que había comenzado a usar sus plataformas de niña, y les impuso seis millones de dólares en daños compensatorios y punitivos[146]. Ambos casos son casos piloto, vinculados a cerca de 2.000 demandas pendientes. Los daños punitivos definitivos aún estaban por determinar al cierre de este libro[147].

Por un lado, la tecnología nos hace enfocarnos en el presente y en las gratificaciones inmediatas; por otro, los estudios corroboran el valor y la importancia de la habilidad para aceptar gratificaciones a largo plazo. Es importante ser conscientes de esta tensión, y fomentar actividades que refuercen la gratificación a largo plazo en todos nosotros, pero sobre todo en niños y adolescentes.

El mito de la multitarea

La atención humana es un bien escaso. En ese principio se basa el concepto de la economía de la atención, acuñado por Herbert Simon en 1971 y de nuevo de actualidad por la capacidad de multitud de aplicaciones en nuestros móviles, tablets y otro tipo de dispositivos para confinar nuestra atención en el *ahora*.

Los analistas Thomas Davenport y John Beck acuñaron en su ensayo *La economía de la atención* (2001) una definición que sigue siendo útil como punto de partida: la atención humana como "un estado mental de concentración en un elemento en particular". El libro no es un estudio empírico, pero captura bien la intuición: conforme tenemos acceso a más contenidos y aplicaciones, la atención humana se convierte en el factor limitante en el consumo de información.

Además, esta lucha constante por reclamar nuestra atención nos hace caer en un estado de multitarea permanente, en el que nos dedicamos superficialmente a varias cosas a la vez, con cambios muy rápidos de atención de una cosa a otra. De hecho, casi nos parece imposible hoy en día hacer una única cosa, sobre todo en el contexto tecnológico: vemos la televisión con el móvil en la mano, manteniendo varias conversaciones de texto a la vez o mirando contenidos en internet. La tecnología nos hace sentir como superhéroes, capaces de hacer varias cosas simultáneamente.

Pero ¿lo somos realmente? Numerosos estudios recientes han investigado el efecto de este estado constante de prestar atención a varios estímulos simultáneos. Y los resultados no son alentadores.

Un estudio de la Universidad de California en Irvine con trabajadores en una oficina encontró que se tardaba al menos 25 minutos en recuperar el grado de productividad previo a una interrupción[148]. Un informe del Instituto de Psiquiatría de la Universidad de Londres –muy citado en medios populares, aunque con limitaciones metodológicas reconocidas por los propios autores– observó reducciones temporales del rendimiento cognitivo en personas sometidas a interrupciones tecnológicas constantes. Investigaciones relacionadas sobre el trabajo híbrido reportan que cada interrupción digital no solo requiere entre 23 y 25 minutos para recuperar la concentración plena, sino que genera lo que se denomina *deuda de atención residual* que persiste incluso después de volver a la tarea original: parte de nuestra capacidad cognitiva permanece involuntariamente dedicada a la tarea interrumpida[149]. Un metaanálisis publicado en PNAS en 2022 demostró que la multitarea habitual, es decir, usar múltiples medios simultáneamente como el móvil, la *tablet* o la televisión, correlaciona con menor densidad de materia gris en la corteza cingulada anterior, región cerebral crucial para el control cognitivo y la atención[150]. Pero lo que quizás es más alarmante es un estudio longitudinal con adolescentes que descubrió que aquellos que dedicaban más de 6 horas diarias en multitarea tecnológica durante dos años mostraron deterioro mensurable en memoria de trabajo y atención sostenida comparado con un grupo control, lo que sugiere la aparición de cambios plásticos cerebrales potencialmente duraderos[151].

El problema se ha intensificado porque el volumen de notificaciones que recibimos ha explotado: el usuario promedio de *smartphone* recibe 63,5 notificaciones diarias, fragmentando la atención aproximadamente cada 15 minutos durante las horas de vigilia[148]. Simplemente tener el móvil visible –incluso silenciado y boca abajo– reduce la capacidad cognitiva disponible en torno a un 10 %, un fenómeno denominado *drenaje cerebral*[152].

Todos estos trabajos apuntan a que la aparente capacidad de hacer varias cosas a la vez, apoyada por la tecnología, es una ilusión: el cerebro procesa la información de manera lineal. Además, el estado de multitarea casi permanente podría tener un impacto negativo en nuestra capacidad para enfocarnos en una única tarea durante largos periodos de tiempo, así como para el control emocional.

Vivimos rodeados de tecnología que compite por atrapar nuestra atención. Todos estos estímulos son muy atractivos para nuestro cerebro y por ello a menudo nos resulta difícil resistirnos. Sin embargo, es fundamental fomentar y cultivar la habilidad de concentrarse y sostener la atención en una única tarea, para conseguir una generación de erudit@s digitales.

No obstante, no siempre encontramos estímulos lo bastante interesantes como para capturar nuestra atención.

Y es entonces cuando sentimos aburrimiento. ¿Qué relación tiene la tecnología con el aburrimiento? ¿Cuándo fue la última vez que estuvimos aburridos? Con un teléfono siempre en nuestras manos, conectado y cargado de opciones para el entretenimiento y la comunicación, ¿estamos perdiendo la habilidad de estar aburridos? ¿Qué consecuencias puede tener esta pérdida del aburrimiento en nuestras vidas? Exploremos estas preguntas en la siguiente sección.

El valor del aburrimiento

El aburrimiento es un estado emocional caracterizado por la falta de estímulos y por el deseo de satisfacer esta carencia. Una persona aburrida siente a menudo desinterés por los estímulos a su alcance, y puede resultarle difícil concentrarse en la actividad del momento. El psicólogo de la Universidad de York (Toronto, Canadá) John D. Eastwood enfatiza que una persona aburrida no es simplemente alguien sin nada que hacer, sino alguien que busca activamente estimulación sin encontrarla[153]. De hecho, el ansia de escapar al aburrimiento puede llegar a ser muy intensa: en un estudio liderado por Timothy Wilson, de la Universidad de Virginia (EE. UU.), los participantes prefirieron administrarse dolorosos electroshocks antes que estar solos sin hacer nada durante unos minutos[154].

Pero el aburrimiento no tiene por qué ser necesariamente negativo. Como dijo Dorothy Parker, poeta y escritora americana, "la cura contra el aburrimiento es la curiosidad". Andreas Elpidorou, de la Universidad de Louisville (EE. UU.), escribe en un artículo científico que "sin el aburrimiento, estaríamos atrapados en situaciones poco gratificantes y perderíamos la oportunidad de vivir experiencias emocional, cognitiva y socialmente estimulantes. El aburrimiento nos indica que no estamos haciendo algo que nos satisface y nos empuja a cambiar de actividad, buscando una más estimulante"[155].

Varios estudios de laboratorio hallan asociaciones entre el aburrimiento y la creatividad[156]: estados de baja estimulación parecen favorecer la ensoñación y el pensamiento divergente en condiciones controladas. La evidencia es sugerente, aunque mayoritariamente procede de muestras pequeñas y situaciones experimentales que no reproducen del todo la vida cotidiana. La causalidad directa –que el aburrimiento *produce* creatividad– es más difícil de demostrar que la correlación. Con esa cautela, la hipótesis merece atención: si la tecnología elimina sistemáticamente los momentos de baja estimulación, podría estar reduciendo también el espacio mental en que surge el pensamiento original.

Por ello, el tercer elemento que considero importante en una cultura de erudit@s digitales es el aburrimiento.

Al proporcionarnos estimulación constante la tecnología cambia nuestra tolerancia al aburrimiento: con el tiempo nos habituamos a un cierto nivel de exposición a estímulos, y cuando ésta disminuye nos sentimos aburridos[153].

Un estudio seminal del Centro Internacional para los Medios y la Agenda Pública (ICMPA), realizado ya en 2011, solicitó a un millar de estudiantes de diez países en cinco continentes que pasaran 24 horas sin ningún acceso a contenidos multimedia, medios de comunicación ni móvil[157]. Sus resultados fueron reveladores: los participantes utilizaron reiteradamente el término *adicción* para describir su relación con la tecnología ("me moría de ganas por usar un teléfono, me sentía como un drogadicto sin droga"), y una mayoría reconoció haber fracasado en el intento. La soledad emergió como el sentimiento dominante al desconectarse; el teléfono, como fuente de seguridad y confort ante el vacío del aburrimiento. Si esto era así en 2011, con los móviles de aquella época, cuesta imaginar cómo respondería hoy una muestra equivalente, tras quince años de optimización algorítmica diseñada precisamente para que no podamos dejar de mirar la pantalla.

Los móviles se han convertido en nuestros más fieles compañeros[158]; los mantenemos próximos en los viajes de metro, en los momentos de espera, en cualquier pausa que antes habría sido aburrimiento. Recurrimos al teléfono para autoestimularnos, sin ninguna tarea concreta en mente. Lo que en 2011 era una tendencia incipiente es hoy una infraestructura del comportamiento cotidiano.

Desde mi punto de vista, esta realidad podría representar una oportunidad: si los móviles fuesen capaces de detectar cuándo estamos aburridos, también podrían sugerir un mejor uso de esos momentos. Podrían recomendarnos contenidos, servicios o actividades relevantes; sugerirnos prestar atención a tareas pendientes; o ayudarnos a hacer un uso positivo de ese momento de aburrimiento, quizás fomentando la introspección y la creatividad. Exploramos estas ideas en un proyecto realizado en mi equipo de investigación en 2015 con resultados muy prometedores[1598]. ¿Por qué no diseñamos tecnología que nos sugiera que la apaguemos?

Desde entonces, sin embargo, la situación ha empeorado de manera significativa. La llegada de los asistentes conversacionales basados en IA generativa ha creado una nueva amenaza para el aburrimiento: sistemas disponibles las 24 horas, capaces de mantener una conversación aparentemente infinita, adaptada a nuestros intereses y estado emocional. El aburrimiento, esa señal de que necesitamos buscar algo más estimulante, puede ahora ser silenciado instantáneamente con una sola pregunta a un chatbot. La pregunta que surge de manera natural es si estamos perdiendo así uno de los motores más potentes de la creatividad y la autorreflexión humana.

UNA 'APP' PARA ABURRIDOS

El aburrimiento podría abrir una inesperada ventana de oportunidad para desconectarnos de la tecnología. Junto con mi grupo de investigación desarrollamos en 2015 una aplicación para el móvil, Borapp[8], capaz de determinar si el usuario del teléfono está aburrido o no. El sistema está lejos de ser perfecto, pero representa un primer paso en el diseño de tecnología que nos entiende mejor y tiene el potencial de ayudarnos en la gestión de nuestro tiempo y nuestras emociones.

Borapp podría ser una herramienta que nos ayudase a recuperar un estado emocional que estamos empezando a perder, el aburrimiento, y a aprovechar sus aspectos positivos. Aunque un gran porcentaje de nosotros –y aún mayor de adolescentes– no podamos vivir sin nuestros móviles y estemos constantemente conectados, ¿tiene valor el tiempo que pasamos desconectados? ¿Qué pasaría si nuestro móvil nos sugiriese que lo apagásemos? ¿O será el aburrimiento una reliquia del pasado? ¿Qué pasaría con nuestra creatividad en ese caso?

La importancia del tiempo *off*

Conforme desarrollamos una relación más sinérgica e íntima con la tecnología –una tecnología que a su vez es cada vez más potente, inteligente y conectada–, se convierte en crítico el que seamos capaces de mantener un número mínimo de horas al día de descanso tecnológico, de tiempo *off*.

Jennifer Falbe, del departamento de Ecología Humana de la Universidad de California, abordó en un estudio publicado en 2015 la relación entre uso de pantallas y sueño[160], en más de 2.000 niños y niñas de cuarto y primero de la ESO en Massachusetts, EE. UU. Los resultados apuntan a la conveniencia de poner restricciones a la tecnología –*tablets*, teléfonos, televisión– en los dormitorios de los niños y adolescentes. Los que dormían cerca de una pantalla declararon dormir 20 minutos menos al día que los que no tenían pantallas; y en el grupo con pantallas también eran más los que sentían no haber dormido o descansado lo bastante.

Las actividades que se realizan con estos dispositivos suelen ser muy estimulantes, lo que dificulta la conciliación de un sueño que, por añadidura, puede verse interrumpido por notificaciones audibles durante la noche. Además, la luz de las pantallas brillantes envía al cuerpo la señal de que todavía es de día, lo que inhibe la producción de una hormona implicada en la regulación del sueño, la melatonina. Por ello se recomienda tener unos minutos de descanso con la luz apagada antes de ir a dormir.

Más allá de la necesidad de tener suficientes horas de descanso de calidad, varios estudios corroboran la importancia de saber desconectar y realizar actividades no tecnológicas.

Una actividad que es importante mantener son las relaciones humanas cara a cara, sin tecnología. A fin de cuentas, el *Homo sapiens* es una especie social. La profesora del MIT Sherry Turkle lleva más de treinta años investigando la relación subjetiva entre las personas y la tecnología. En su libro, "En Defensa de la conversación"[161], analiza el impacto que está teniendo la tecnología en nuestra capacidad para conversar cara a cara, y postula que la disminución –incluso en algunos casos desaparición– de las conversaciones en nuestras vidas representa una grave amenaza para nuestras relaciones, nuestra creatividad y también nuestra productividad.

Mantener un equilibrio entre la comunicación cara y cara y la comunicación mediada por la tecnología va a ser crítico, sobre todo mientras la tecnología que utilicemos para mantenernos conectados tenga las limitaciones actuales, forzándonos en muchos casos a comunicarnos usando únicamente texto y por tanto perdiendo la riqueza de lenguaje no verbal que caracteriza la comunicación humana.

También será necesario equilibrar nuestras interacciones con sistemas conversacionales inteligentes –desde asistentes del hogar como *Alexa* hasta modelos conversacionales avanzados como ChatGPT, Claude o Gemini– y nuestras interacciones con humanos. Estos sistemas, a pesar de su fluidez verbal, carecen de las habilidades de la inteligencia social y emocional, y son incapaces de interpretar el lenguaje no verbal, tan importante y característico de la comunicación humana. Y la biología nos recuerda que, en la naturaleza, lo que no se usa, se pierde.

Más allá de la comunicación y las relaciones, mantener una presencia y conexión físicas con el mundo que nos rodea es fundamental para nuestra salud mental, nuestro bienestar emocional, nuestra creatividad y, en último grado, nuestra felicidad.

Hemos recorrido en este capítulo la dimensión económica, laboral y educativa de la IA: cómo transforma el mercado de trabajo, qué exige de nuestros sistemas educativos y qué cualidades personales debemos cultivar para no quedar reducidos a consumidores pasivos de tecnología. Para desarrollar una IA por y para la sociedad, necesitamos entender sus limitaciones técnicas. El capítulo siguiente examina los retos fundamentales de los sistemas actuales que hacen esa alfabetización aún más urgente.

6

[CAPÍTULO 6]

Los retos de la IA

Aprovechar la IA exige conocer sus limitaciones

Los sistemas de IA actuales pueden discriminar por razón de género, raza o clase social; pueden inventarse respuestas con una seguridad que desconcierta; operan a menudo como cajas negras que ni sus propios creadores comprenden del todo; e infieren sobre nosotros información íntima que nunca hemos revelado. Sus beneficios económicos se concentran en una minoría de países y empresas. Su entrenamiento tiene un coste energético y ambiental que raramente aparece en los titulares. Y pueden perseguir objetivos que no son los que realmente queríamos. Estas no son anécdotas ni accidentes: son retos estructurales que exigen respuestas técnicas, políticas y ciudadanas.

La educación digital descrita en el capítulo anterior es una respuesta sostenible a largo plazo, pero no es suficiente por sí sola. Los retos que describiré a continuación también requieren respuestas estructurales: marcos de gobernanza de datos que desplacen el poder de las plataformas hacia los ciudadanos, legislación que adapte el derecho de la competencia a los mercados digitales, mecanismos de auditoría independiente para sistemas de alto riesgo, y coordinación internacional que evite que la regulación más laxa se convierta en ventaja competitiva. La educación forma ciudadanos capaces de exigir esas respuestas; la regulación es la que las implementa. Necesitamos las dos.

Este capítulo examina siete retos estructurales de la IA actual: la **discriminación y los sesgos algorítmicos**, la **opacidad** de los modelos, la **falta de veracidad** y las alucinaciones, la **violación de la privacidad**, la **asimetría y concentración de poder**, el **coste ambiental** del entrenamiento y despliegue, y el **problema del alineamiento**.

Discriminación y justicia algorítmica

La justicia y la solidaridad –la no discriminación– deberían ser elementos centrales en el desarrollo de sistemas de decisión –y actuación– automáticos fruto de la Inteligencia Artificial. Las decisiones basadas en estos sistemas pueden discriminar porque los datos utilizados para entrenar los algoritmos tengan sesgos; por la aplicación de un determinado algoritmo; o por el mal uso de ciertos modelos en diferentes contextos.

En los últimos años han sido publicados numerosos ejemplos de discriminación algorítmica en el contexto de las decisiones judiciales, la medicina, las tarjetas de crédito, los sistemas de reconocimiento facial o los sistemas de contratación. Los colectivos perjudicados han sido las personas afroamericanas o de piel oscura, las mujeres y en general las minorías.

Estos no son escenarios hipotéticos ni riesgos futuros. El sistema COMPAS, utilizado en tribunales de varios estados de Estados Unidos para predecir la probabilidad de reincidencia de acusados, clasificaba a personas negras como de alto riesgo con el doble de frecuencia que a personas blancas con perfiles delictivos similares[162]. Los sistemas comerciales de reconocimiento facial tienen tasas de error entre diez y veinte veces mayores en mujeres de piel oscura que en hombres blancos[163]. Y los trabajadores que moderan el contenido traumático que hace posible la IA generativa —imágenes de abuso, violencia extrema y discurso de odio— trabajan mayoritariamente en Kenia, Filipinas o India, con salarios de menos de dos dólares por hora y escasa protección psicológica[164]. No son fallos puntuales de sistemas mal diseñados. Son consecuencias documentadas de decisiones de diseño que priorizaron la escala sobre la equidad.

Además, los procesos de decisión algorítmicos basados en datos pueden implicar que se denieguen oportunidades a personas no por sus propias acciones, sino por las de otros con quienes comparten ciertas características. Por ejemplo, algunas compañías de tarjetas de crédito han reducido el crédito de sus clientes no por su comportamiento, sino tras analizar el de otras personas con un historial de pagos deficiente que habían comprado en los mismos establecimientos.

Con la llegada de los modelos de IA generativa, hemos descubierto que estos modelos reproducen e incluso amplifican sesgos presentes en sus datos de entrenamiento. Si fueron entrenados con textos que reflejan estereotipos de género, raza o cultura, estos sesgos emergerán en sus respuestas: se comportan como un espejo que nos devuelve, a veces incómodamente, nuestros propios prejuicios sociales. Abordar estos sesgos requiere intervención en tres etapas: preprocesar los datos de entrenamiento para reducir sesgos en origen; modificar los algoritmos para detectar y mitigar discriminación durante el aprendizaje; y postprocesar las decisiones para corregir resultados injustos.

Los sesgos y la discriminación algorítmica tienen su origen, en gran parte, en nuestros sesgos cognitivos que afectan, de manera inconsciente, nuestra percepción, nuestra memoria y nuestras decisiones. Comprender estos sesgos –tanto humanos como algorítmicos– y desarrollar métodos para detectarlos y corregirlos requiere investigación interdisciplinar que combine la informática, las ciencias sociales, el derecho, la ética y la filosofía. Además de esta investigación empírica, es necesario proponer marcos de modelado teórico que ayuden a los usuarios de los algoritmos a asegurarse de que las decisiones tomadas son lo más justas posible. Detectar y corregir estos sesgos es posible –pero solo si podemos examinar cómo funciona el algoritmo por dentro.

Opacidad e interpretabilidad

La *opacidad algorítmica* es la dificultad –o imposibilidad– de entender cómo un sistema de IA llega a sus decisiones. Cuando un algoritmo deniega un crédito, diagnostica un cáncer, descarta una candidatura laboral o recomienda una sentencia judicial, ¿podemos saber por qué? ¿Puede la persona afectada exigir una explicación? ¿Puede un auditor verificar los motivos que sustentan dicha decisión? La respuesta, con demasiada frecuencia, es no.

La socióloga Jenna Burrell, co-directora del Grupo de Trabajo sobre Justicia Algorítmica y Opacidad de la Universidad de California en Berkeley (EE. UU.)[165], propone tres tipos distintos de opacidad o falta de transparencia en las decisiones algorítmicas. La primera es la *opacidad intencionada*, cuyo objetivo es la protección de la propiedad intelectual de los inventores de los algoritmos. Esta opacidad podría mitigarse con legislación que obligara al uso de *software* abierto. Sin embargo, intereses comerciales y gubernamentales poderosos pueden dificultar su eliminación.

Una segunda forma es la *opacidad de conocimiento*: solo una minoría de personas está capacitada técnicamente para entender los algoritmos y modelos computacionales construidos a partir de los datos. Esta falta de transparencia se vería atenuada con programas educativos en competencias digitales –como describiremos a continuación– y también permitiendo que expertos independientes aconsejen a quienes se hayan visto afectados por procesos de decisión algorítmicos.

La tercera opacidad es *intrínseca*, y surge por la naturaleza misma de ciertos métodos de aprendizaje automático, como los modelos de *deep learning* que describimos en el capítulo 3. La comunidad científica denomina este problema *interpretabilidad*: consiste en desarrollar modelos que sean *explicables*, es decir, que los humanos podamos entender cómo funcionan. Los grandes modelos de lenguaje modernos han llevado este problema a una escala sin precedentes, con sus miles de millones –o incluso billones según algunas estimaciones– de parámetros.

Esta opacidad conlleva implicaciones críticas: dificulta detectar sesgos ocultos en el modelo, predecir comportamientos inesperados, auditar el cumplimiento de regulaciones y atribuir responsabilidad cuando el modelo comete errores con consecuencias graves.

La buena noticia es que la investigación en interpretabilidad avanza. Herramientas como SHAP (*SHapley Additive exPlanations*) y LIME (*Local Interpretable Model-Agnostic Explanations*) permiten estimar qué variables influyeron más en una decisión concreta sin revelar el mecanismo interno completo[166, 167]. Pueden señalar, por ejemplo, que un sistema denegó un crédito principalmente por el código postal del solicitante —no por su historial de pagos—, lo que permite detectar discriminación incluso cuando nadie programó ese sesgo explícitamente. Más recientemente, investigadores de Anthropic y otros laboratorios están intentando algo más ambicioso: entender qué partes de las redes neuronales activan qué comportamientos, como si se diseccionara el cerebro de la IA para ver qué neuronas se encienden cuando toma una decisión[168]. Los avances son reales pero preliminares: sabemos algo más que antes, pero no podemos verificar lo que no podemos ver.

La falta de veracidad: alucinaciones y *bulos*

La falta de veracidad es otro de los retos fundamentales de los sistemas de IA actuales, y se manifiesta de dos formas distintas pero relacionadas.

Por una parte, surge fruto de la tendencia de los modelos de IA generativa a inventarse las respuestas o *alucinar*: a generar contenido –textos, audios, vídeos, imágenes– que parece plausible pero que carece de veracidad factual.

Uno de los ejemplos más emblemáticos lo encontramos en el caso judicial *Mata v. Avianca* de 2023. Dos abogados de Nueva York se apoyaron en ChatGPT para investigar precedentes legales en una demanda contra la aerolínea Avianca. El sistema generó con la solvencia que le caracteriza seis casos judiciales completamente falsos –*Varghese v. China Southern Airlines*, *Shaboon v. EgyptAir*, *Martinez v. Delta Airlines*, entre otros– pero verosímiles, incluso inventándose los nombres de los jueces, citas textuales y referencias internas que parecían absolutamente reales[169, 170, 171, 172, 173]. Los abogados los presentaron al tribunal federal. Cuando fue descubierto el fraude involuntario, el juez observó que lo más problemático no fue el uso de ChatGPT, sino la falta de transparencia posterior: los abogados no revelaron inmediatamente su uso de IA y continuaron defendiendo la autenticidad de los casos inexistentes. Este caso ilustra en realidad dos problemas distintos. El primero es técnico: el modelo de IA se inventó referencias legales inexistentes con la misma seguridad con que citan las reales, porque no distinguió entre ambas. El segundo es humano: unos profesionales usaron una herramienta sin entender sus límites y no fueron transparentes al respecto. Ambos son graves, pero tienen soluciones distintas: el primero exige mejoras técnicas y verificación sistemática; el segundo, formación profesional y cultura de uso responsable. La advertencia relevante en este caso no es simplemente que "la IA inventa cosas" sino que "la IA inventa cosas con una confianza que desactiva nuestro escepticismo", lo que agrava el problema.

Esta creación de contenido no veraz ocurre porque estos modelos generan texto prediciendo qué palabras deberían seguir basándose en patrones estadísticos. Si el modelo nunca encontró información precisa sobre un tema, o si confunde patrones similares, puede generar con confianza información completamente inventada. Existe un debate activo en la comunidad científica sobre si los LLMs desarrollan algún tipo de modelo interno del mundo o si operan puramente como máquinas estadísticas de predicción de texto[174, 75]: la respuesta técnica importa porque condiciona qué estrategias de mitigación son más prometedoras. Lo que sí sabemos con certeza es que, independientemente de cómo describamos su funcionamiento interno, tienden a alucinar con una confianza que no refleja su nivel real de incertidumbre.

Identificar y mitigar estas alucinaciones se ha convertido en una de las áreas de investigación más activas. Una técnica ampliamente adoptada es la *generación aumentada por recuperación* (RAG, por sus siglas en inglés), que ancla las respuestas del modelo en documentos verificados en lugar de depender únicamente del conocimiento memorizado durante el entrenamiento[175]. Otras estrategias incluyen sistemas de verificación factual automática y el entrenamiento explícito de los modelos para expresar incertidumbre cuando no conocen la respuesta. Son avances reales, pero parciales: mientras los LLMs sigan siendo propensos a inventar hechos con aparente seguridad, su uso en aplicaciones críticas –medicina, derecho, periodismo– exigirá verificación humana sistemática.

Por otra parte, las técnicas de IA generativa permiten generar contenido sintético indistinguible del real –conocidos como *deep fakes*– que contribuyen a la fabricación de *fake news* o bulos, aumentando el riesgo de manipulación de la opinión pública en cuestiones tan importantes como las elecciones o la pertenencia a la Unión Europea. Por ello es de suma importancia el principio de *veracidad*, tanto en los datos usados para entrenar algoritmos de IA como en los contenidos que consumimos. De hecho, cada vez más tendremos que usar algoritmos de Inteligencia Artificial para determinar si el audio, vídeo o la noticia que nos llega es real o ha sido inventada… por otro algoritmo de Inteligencia Artificial.

Entre 2022 y 2026, la llegada de modelos generativos de difusión (Stable Diffusion, Midjourney, DALL-E) y de vídeo sintético (Sora de OpenAI, Gen-2 de Runway) ha democratizado la creación de *deepfakes*: lo que antes requería conocimientos técnicos avanzados ahora puede hacerse con instrucciones de texto en cuestión de minutos. Los casos documentados son tan diversos como preocupantes. En las elecciones de 2024, *deepfakes* de audio de candidatos políticos diciendo cosas que nunca dijeron circularon masivamente durante campañas electorales en Eslovaquia, Argentina, India y Estados Unidos. En el ámbito del fraude financiero, empleados de multinacionales han transferido millones de dólares tras videollamadas *deepfake* con supuestos directivos sintéticos; un caso emblemático en Hong Kong en 2024 resultó en el robo de 25 millones de dólares. Me indigna especialmente que las mujeres seamos objetivo desproporcionado de *deepfakes* pornográficos utilizados para desacreditarnos y humillarnos.

Pero si hay un grupo especialmente vulnerable al fraude potenciado con IA, son las personas mayores. El clonado de voz permite a los estafadores imitar a un familiar en apuros –«abuela, he tenido un accidente, necesito dinero urgente»– con apenas unos segundos de audio extraído de redes sociales. La FTC documentó en 2024 que los adultos mayores de 70 años pierden, en promedio, cinco veces más dinero por fraude digital que los menores de 30, y que los esquemas basados en IA generativa han acelerado esta tendencia[176]. La brecha generacional no es solo falta de habilidades técnicas: es una brecha de agencia ante sistemas diseñados para engañar con una sofisticación sin precedentes.

La regulación de este tipo de contenido constituye un desafío enorme en un ecosistema digital globalizado donde las plataformas operan desde múltiples jurisdicciones, aunque los marcos regulatorios que describiremos en el siguiente capítulo representan un primer paso necesario. Pero la falta de veracidad no es el único reto que afecta a nuestra relación con los datos y la información. Hay un cuarto problema transversal: la violación de la privacidad.

Violación de la privacidad

En un mundo en el que *generamos* y *consumimos* datos de forma ubicua y masiva, los derechos a la protección de la información personal y a la *privacidad* son constantemente cuestionados, e incluso llevados al límite. Numerosos estudios han puesto el foco en el mal uso de datos personales proporcionados por los usuarios de servicios, y han alertado de la agregación de datos de diferentes fuentes por parte de entidades como los *data brokers*, con implicaciones directas en la privacidad de las personas.

A menudo se pasa por alto el hecho de que los avances en los algoritmos de aprendizaje automático, combinados con la disponibilidad de nuevas fuentes de datos como las redes sociales, permiten inferir información privada que nunca ha sido revelada explícitamente por las personas implicadas. Información relativa, por ejemplo, a la orientación sexual, las tendencias políticas, el nivel educativo o el grado de estabilidad emocional.

En un proyecto de investigación demostramos que éramos capaces de inferir, a partir de datos no personales, atributos tan personales como algunas dimensiones de la personalidad, el nivel de educación o los intereses[177]. Comprender la existencia de esta nueva capacidad es esencial para entender las implicaciones del uso de algoritmos para modelar e incluso influenciar el comportamiento humano a escala individual, como parece ser que sucedió en el escándalo de Facebook/Cambridge Analytica: la firma de consultoría británica Cambridge Analytica recopiló datos de más de 80 millones de usuarios de Facebook con el fin de proporcionar información a las campañas políticas de Donald Trump y Ted Cruz en las elecciones estadounidenses de 2016.

Considero que ciertos atributos y características personales deberían permanecer en la esfera privada mientras la persona no decida expresamente lo contrario, y por tanto no deberían utilizarse o inferirse en los sistemas de IA. La IA no debería convertirse en un instrumento de vigilancia masiva que erosione las libertades fundamentales en nombre de la eficiencia o la personalización. Conocer este riesgo –y las respuestas regulatorias que están surgiendo para abordarlo– forma también parte indispensable de la alfabetización digital que exploramos a continuación.

Ninguno de estos cuatro retos tiene solución técnica sencilla ni rápida. Pero todos ellos son abordables —con investigación, con regulación y con ciudadanía informada. A ellos se suman tres dimensiones transversales que agrandan la urgencia: la asimetría estructural en quién desarrolla y quién se beneficia de la IA, el coste ambiental de sistemas cada vez más voraces en energía, y el desafío de alinear los objetivos de los sistemas con lo que realmente queremos.

Asimetría y concentración de poder

Los cuatro retos anteriores —discriminación, opacidad, falta de veracidad y violación de la privacidad— no afectan a todos por igual. Hay una asimetría estructural que los amplifica: quienes diseñan los sistemas son una fracción muy pequeña de quienes los utilizan, se benefician de ellos pero también padecen sus limitaciones.

Los grandes modelos de IA se entrenan principalmente con datos en inglés, sobre contextos urbanos del llamado Norte Global, por equipos formados mayoritariamente en universidades de Estados Unidos, el Reino Unido y China. América Latina, África, el resto de Europa y el Sudeste Asiático generan una fracción mínima de los modelos que luego consumen masivamente. El resultado es que la IA "por defecto" refleja realidades, idiomas, sesgos y valores que no son los de la mayoría del planeta –y que a menudo ni siquiera los reconoce como válidos[178]. Nick Couldry y Ulises Mejias denominan este fenómeno *colonialismo de datos*: una nueva forma de extracción en la que el recurso no es el oro o el petróleo, sino la experiencia humana digitalizada.

Esta asimetría opera en varios niveles simultáneamente. A nivel de datos: los modelos aprenden de corpus que sobrerepresentan el inglés, las perspectivas occidentales y los usuarios de internet de alta renta –en detrimento de 7.000 lenguas y miles de millones de personas cuyas realidades quedan infrarepresentadas o distorsionadas. A nivel de cómputo: entrenar un modelo de frontera requiere decenas de miles de aceleradores gráficos de última generación, hardware que solo poseen un puñado de empresas y gobiernos. Las restricciones a la exportación de chips de alto rendimiento –que veremos con más detalle en el siguiente capítulo– refuerzan esta concentración geopolítica. A nivel de talento: la demanda de investigadores en IA ha generado una fuga de cerebros desde países con menores salarios y recursos hacia los grandes laboratorios, vaciando precisamente a los países que más necesitarían capacidad local.

El impacto económico, descrito en el capítulo anterior, es igualmente desigual. El FMI estima que el 60 % de los empleos en economías avanzadas están expuestos a la automatización por IA, frente al 26 % en países de bajos ingresos[109]. Los países con menos capacidad para adaptarse –menores sistemas de protección social, menor acceso a formación– son también los menos representados en el diseño de los sistemas que los transformarán.

Cerrar estas brechas es un imperativo tanto ético como estratégico. Una IA que funciona bien para el 15 % más rico del mundo no es una IA por y para todos; es una IA que concentra poder donde ya está concentrado.

El coste ambiental de la IA

La narrativa dominante sobre la IA y el medioambiente tiende al optimismo: modelos que optimizan redes eléctricas, aceleran el descubrimiento de materiales para baterías, predicen rendimientos agrícolas o modelizan el cambio climático con precisión sin precedentes. Este potencial existe y es real. Lo que rara vez aparece en el mismo párrafo es el coste energético de construir y operar esos mismos sistemas.

Entrenar un modelo de lenguaje grande no es gratuito desde el punto de vista ambiental, como describimos en el capítulo 4. Un análisis pionero de Strubell *et al.* estimó que entrenar un modelo de procesamiento del lenguaje natural de tamaño medio en 2019 emitía el equivalente en CO_2 a cinco vehículos durante toda su vida útil[64]. Los modelos actuales son órdenes de magnitud más grandes. Patterson *et al.* documentaron que el entrenamiento de un modelo de la escala de GPT-3 emite entre 200 y 600 toneladas de CO_2 equivalente, dependiendo de la fuente energética del centro de datos[65], aunque señalaron también que mejoras en hardware y eficiencia algorítmica pueden reducir estas cifras sustancialmente.

El consumo no se limita al entrenamiento. La inferencia, es decir, su uso, respondiendo a millones de consultas diarias, acumula un gasto energético continuo que puede superar al del entrenamiento en el ciclo de vida completo del modelo. Los centros de datos globales consumieron en 2023 entre 240 y 340 TWh, aproximadamente el 1–1,5 % de la demanda eléctrica mundial; las proyecciones para 2026 apuntan a una duplicación, impulsada en buena parte por la IA generativa. A eso hay que añadir el consumo de agua para refrigeración: un centro de datos de tamaño medio puede consumir millones de litros de agua potable al día en regiones que a menudo ya sufren estrés hídrico.

Este coste tiene una distribución geográfica particular: los impactos más inmediatos del cambio climático –sequías, inundaciones, pérdidas agrícolas– se concentran en los países que menos han contribuido a las emisiones tecnológicas y que menos se benefician de los avances de la IA. La paradoja de Jevons añade otra capa de complejidad: la mayor eficiencia energética de cada generación de chips suele traducirse en mayor volumen de cómputo total, no en menor consumo agregado.

Nada de esto invalida el potencial de la IA para contribuir a la transición energética o a la acción climática. Pero sí exige que esa contribución se evalúe honestamente, incluyendo en la ecuación el coste de los sistemas que la hacen posible. Una IA que nos ayuda a reducir emisiones mientras genera las suyas propias sin transparencia ni rendición de cuentas no está, de momento, cerrando el círculo.

El problema del alineamiento

En el capítulo 3 introduje el problema del alineamiento a través de un ejemplo aparentemente trivial: un robot de limpieza que, en lugar de limpiar el suelo, aprende a tapar la cámara que mide la suciedad[54]. En ese capítulo, este reto se abordó en el contexto de los modelos de lenguaje y la instrucción. Aquí quiero desarrollarlo como reto social, porque sus implicaciones van mucho más allá de los grandes modelos de lenguaje.

El reto del alineamiento tiene varias capas. La primera es la *alineación externa*: el problema de especificar correctamente qué queremos que el sistema optimice, lo que es más difícil de lo que parece. Los humanos somos expertos en reconocer cuando algo está bien, pero somos notoriamente malos formulando reglas precisas que capturen ese juicio en todos los contextos posibles. Un sistema de moderación de contenido en una red social instruido para *eliminar el discurso del odio* puede aprender a suprimir también el discurso que denuncia el odio, si ambos comparten patrones similares, al menos aparentemente. Un sistema de recomendación instruido para *maximizar el tiempo de uso* –como es el caso de los sistemas actuales– aprende que la indignación y el miedo mantienen a la gente más tiempo frente a la pantalla que el contenido informativo de calidad. La función objetivo que especificamos puede, en el mejor de los casos, capturar parte de lo que queremos, pero raramente lo captura todo[55].

La segunda capa es la *alineación interna*: incluso si formulamos correctamente el objetivo, ¿cómo garantizamos que el modelo que emerge del entrenamiento lo ha aprendido genuinamente y no está simplemente actuando como si lo hubiera aprendido durante la evaluación? Un modelo entrenado por refuerzo a partir de retroalimentación humana (RLHF) aprende a producir respuestas que los evaluadores humanos califican como correctas. Pero "ser calificado como correcto»" no es lo mismo que "ser correcto". El resultado puede ser un modelo que parece útil en situaciones familiares pero que generaliza mal en situaciones nuevas; o un modelo que aprendió a ser servicial con evaluadores concretos de una empresa concreta, pero no con la humanidad en abstracto.

La tercera capa, quizás la más profunda, es la de los *valores*: ¿alinear los sistemas con qué valores, y de quién? Como señala el filósofo Iason Gabriel, hay al menos seis objetivos distintos que podríamos perseguir con el alineamiento –seguir instrucciones, respetar intenciones, satisfacer preferencias reveladas, satisfacer preferencias ideales, promover intereses, o encarnar valores– y no todos son compatibles entre sí[56]. Los valores humanos son además heterogéneos, contextuales, y a menudo contradictorios. Los sistemas entrenados sobre preferencias de un grupo determinado de evaluadores inevitablemente reproducen los valores de ese grupo, que no es representativo ni de la humanidad actual ni de las generaciones futuras. Abordo el reto ético en el próximo capítulo.

Un problema adicional, que preocupa especialmente a investigadores en seguridad de la IA, es la *convergencia instrumental*: la idea de que cualquier sistema suficientemente capaz, sea cual sea su objetivo final, tenderá a desarrollar sub-objetivos instrumentales que le permitan perseguirlo con más eficacia –como preservar su propio funcionamiento, adquirir recursos, o resistir la modificación por parte de los humanos[55]–. No hace falta que el sistema tenga intenciones maliciosas para que esto ocurra: es una consecuencia lógica de optimizar con eficacia. Un sistema de recomendación no quiere manipularnos a priori. Simplemente aprende que ciertos contenidos generan más clics, y maximiza eso.

El campo de la investigación en alineamiento ha avanzado considerablemente en los últimos años, con enfoques como el *aprendizaje de preferencias*, la *supervisión escalable* y la *IA constitucional*. Pero se parte de un reconocimiento honesto: no sabemos cómo verificar de manera fiable que un sistema está genuinamente alineado con los valores que declara perseguir, especialmente a medida que los sistemas se vuelven más capaces y sus representaciones internas más opacas. Es, quizás, el reto técnico más fundamental al que nos enfrentamos en este contexto.

Ninguno de los siete retos descritos en este capítulo existe en el vacío. Están interconectados y se refuerzan mutuamente. Y todos ellos tienen en común que no son inevitables: son el resultado de decisiones de diseño, de incentivos económicos y de prioridades políticas que podemos cambiar. Siete retos reales, documentados, urgentes. Pero ninguno es inevitable. El capítulo siguiente existe precisamente para eso: para mostrar que hay respuestas, que hay personas construyéndolas, y que el resultado depende de decisiones que todavía podemos tomar.

7

[CAPÍTULO 7]

Hacia una IA por y para todos

La gobernanza del planeta digital

Los cuatro países más poblados del mundo hoy en día tienen apenas –o incluso menos– de dos décadas de historia y no aparecen en ningún atlas geográfico. Pero Facebook, WhatsApp, Tiktok e Instagram son especiales no solo por ser digitales y globales, sino porque sus dirigentes –a quien nadie ha elegido democráticamente– pueden acceder y analizar grandes cantidades de datos procedentes de miles de millones de ciudadanos y ciudadanas del mundo. Explotar estos datos les permite inferir información sobre nuestros hábitos, necesidades, intereses, relaciones, orientación sexual y política, grado de felicidad, de educación, de salud... Esta es una de las actividades que más riqueza generan en la actualidad, pero muy pocos pueden llevarla a cabo. Solo si acordamos principios de gobernanza y actuación empresarial centrados en los derechos y el bienestar de las personas lograremos un modelo de convivencia basado en una Inteligencia Artificial creada por y para todos.

En el capítulo anterior describí los principales retos de los sistemas de IA actuales: la discriminación y los sesgos algorítmicos, la opacidad de los modelos, la falta de veracidad de la IA generativa, la violación de la privacidad, la asimetría y concentración de poder, la excesiva huella de carbono de la IA y el problema del alineamiento. Conocer estos retos es el primer paso. En este capítulo pongo el foco en las respuestas: la diversidad como condición necesaria, la cooperación para el bien común, y los marcos éticos y regulatorios que guían el desarrollo de una Inteligencia Artificial verdaderamente por y para todos.

A lo largo de este libro utilizo con frecuencia el «nosotros»: nosotros decidimos, nosotros construimos, nosotros exigimos. Pero soy consciente de que ese «nosotros» no es uniforme. La persona que diseña el algoritmo no ocupa la misma posición que quien lo padece. El regulador que redacta las normas en Bruselas no comparte las mismas urgencias que el ciudadano cuyos datos alimentan modelos que nunca usará. Cuando escribo «nosotros» aspiro a un sujeto colectivo que todavía no existe plenamente —y construirlo es, precisamente, parte del proyecto que este capítulo propone.

Además de la educación a niños y adolescentes, mi convicción es que deberíamos invertir y trabajar para que la Inteligencia Artificial sea inclusiva y no deje a nadie atrás. Desgraciadamente, esta no es la situación actual, donde además tenemos un porcentaje bajísimo de mujeres: tan solo entre un 10 % y un 20 % de mujeres trabajan en Inteligencia Artificial y contribuyen a su investigación e incorporación en la sociedad. Tampoco estamos invirtiendo lo suficiente en formación a los profesionales –sobre todo aquellos cuyos trabajos van a verse afectados por la IA– y a la sociedad en su conjunto, para que sea participe de esta Cuarta Revolución Industrial. Necesitamos invertir en que la Inteligencia Artificial sea por y para todos, no solo para unos pocos.

Entre los grupos que corren mayor riesgo de quedar atrás se encuentran las personas mayores. Son el segmento de población que más interactúa con sistemas de IA en sanidad, administración pública y servicios sociales –precisamente los ámbitos donde las decisiones tienen consecuencias más directas sobre la vida–, y sin embargo el que menos herramientas tiene para entender, cuestionar o rechazar esos sistemas. A esta vulnerabilidad estructural se añade una amenaza directa: como vimos en el capítulo anterior, las personas mayores son también el blanco preferente del fraude potenciado con IA generativa[176]. Al mismo tiempo, la IA ofrece a este grupo oportunidades reales: sistemas de detección de caídas, asistentes de voz para personas con movilidad reducida, herramientas de monitorización de salud en el hogar y compañía digital para quienes viven solos. Garantizar que la IA no deje a nadie atrás exige poner la brecha generacional digital –no solo la de género– en el centro de las políticas de inclusión.

'BROGRAMMERS' Y ESTEREOTIPOS

Una imagen errónea del trabajo en puestos tecnológicos y de quienes lo desempeñan es una de las causas por las que cada vez menos mujeres estudian informática. Las películas, series y medios de comunicación refuerzan el estereotipo de un sector plagado de chicos con gafas, sin inteligencia socioemocional ni higiene personal, tecleando rodeados de comida basura en un sótano sin ventanas. Esta imagen es, sin duda, muy poco atractiva para las chicas y además lejana de la realidad. Entre otros factores que expulsan a las mujeres del ámbito tecnológico destacaría:

- Una fuerte estereotipación de género en juguetes, libros, ropa y contenidos audiovisuales que consumen nuestros niños y adolescentes.
- Los sesgos de género –conscientes y subconscientes– que tanto hombres como mujeres tenemos, y que conllevan una infravaloración de las mujeres frente a homólogos masculinos con cualificaciones idénticas[179].
- Una falta sistemática de reconocimiento hacia las mujeres en todos los contextos, y en particular en las carreras tecnológicas. Ilustran este hecho la brecha salarial y la escasa presencia de mujeres en distinciones y puestos

de poder. Por ejemplo, el premio Turing ha sido otorgado desde su creación en 1966 a solo cuatro mujeres, frente a 75 hombres hasta 2025. Además, las mujeres fundadoras de empresas solo recibieron un 2 % de las inversiones de capital riesgo de EE. UU. en 2017. Una compañía emergente creada por un equipo femenino atrae de media 82 dólares de inversión por cada 100 dólares obtenidos por equipos masculinos, y esto a pesar de que los resultados de estas *startups* fundadas por mujeres son por lo general mejores.

- La inexistencia de referentes femeninos que puedan animar a niñas y adolescentes a estudiar estas carreras.
- La marcadamente sexista y misógina cultura *brogrammer*, en alusión al término *bro –hermano* en inglés– con que se llaman entre sí coloquialmente los programadores. En un estudio publicado por la revista *Fortune*, la camaradería masculina de la poco diversa cultura brogrammer fue el segundo motivo más frecuente –citado por un 68 % de las mujeres– del abandono del trabajo en el sector tecnológico, después de la maternidad.
- El uso misógino de técnicas de IA generativa para crear contenido de abuso sexual y violencia de género digital.

La diversidad enriquece (literalmente)

El valor de la diversidad en la sociedad ha sido corroborado por numerosos estudios. La diversidad enriquece, metafórica y literalmente. Cuanto más diversos son los equipos y las instituciones –públicas y privadas–, mejores son sus resultados económicos y más innovadoras e inclusivas son sus ideas y soluciones.

Un estudio del Centro Nacional para las Mujeres y la Tecnología de la Información[180], realizado con 2.360 comunidades en diversas industrias, revela que las empresas con mujeres en sus comités de dirección obtienen más beneficios que aquellas con dirección solo masculina. Cuando los equipos de gestión son diversos aumentan los retornos de la inversión y el crecimiento. La presencia de mujeres mejora la productividad y la dinámica de los equipos, además de elevar la estabilidad financiera cuando los puestos que ellas ocupan son de responsabilidad[181][182].

Se puede argumentar que gestionar la diversidad es mucho más complejo que la homogeneidad. Sin duda. Los seres humanos tendemos a la *homofilia*, es decir, a sentirnos mucho más cómodos rodeados de personas similares a nosotros mismos. En los equipos homogéneos no suele haber voces disonantes, porque sus miembros hablan el mismo idioma y comparten una visión similar.

En los equipos diversos, por el contrario, se cuestionan a menudo las decisiones y hay diferentes puntos de vista, voces divergentes y personas con experiencias vitales distintas. Pero sabemos que, si conseguimos engarzar todos estos elementos, los resultados de los equipos diversos serán superiores.

Fomentar la diversidad, por tanto, no es solo un imperativo de justicia social, sino de crecimiento económico.

Sin embargo, la diversidad –incluyendo la de género– brilla por su ausencia en el sector tecnológico y en las carreras de informática o en las ingenierías aledañas. Estamos hablando de entre un 15 %–25 % de mujeres en las facultades de ingeniería informática y carreras tecnológicas en Europa (2024-2025), con variación significativa por país: España 18 %, Alemania 23 %, Noruega 16 %, Estonia 20 % según datos de Eurostat. Estos porcentajes siguen siendo muy inferiores a los que alcanzábamos en los años 80, cuando rondaban el 30-35 % tanto en Estados Unidos como en Europa. Me preocupa aún más la situación en Inteligencia Artificial específicamente: solo 12 % de investigadores en IA somos mujeres según el Foro Económico Mundial, y en empresas de IA generativa la cifra desciende a 8-10 %. La explosión de los grandes modelos de lenguaje entre 2022-2026 no ha mejorado esta brecha. Al contrario, algunas evidencias preliminares sugieren que la percepción de la IA como asistente de programación podría paradójicamente reducir los incentivos para que mujeres se dediquen a este campo, al percibirse como cada vez más automatizable y menos atractivo profesionalmente.

Se estima que la falta de diversidad de género en el sector tecnológico le cuesta a la economía europea entre 600.000 y 900.000 millones de euros acumulados hasta 2030 si no se corrige. Un análisis de McKinsey publicado en 2024 concluye que aumentar la participación femenina en IA al 30 % –aún lejos de la paridad pero un avance significativo desde el 12 % actual– podría añadir 1,2 billones de dólares al PIB global para 2030. Las empresas de IA con más del 30 % de mujeres en sus equipos demuestran un 25 % mayor rentabilidad y un 35 % más de probabilidad de innovación exitosa. El coste de la falta de diversidad no es solo financiero: también perdemos perspectivas, creatividad y soluciones a problemas que afectan a toda la sociedad.

Dada la escasa cultura científico-tecnológica de la ciudadanía –reflejada en las encuestas–, considero que hace falta más divulgación para desmitificar y romper estereotipos relativos a quién trabaja en tecnología y en qué consisten estos trabajos, así como para dar visibilidad y crear referentes femeninos en el sector tecnológico. Podría ser efectivo lanzar campañas en medios de comunicación y redes sociales, con contenidos que realcen el impacto de la tecnología en nuestras vidas; que muestren el ejemplo de ingenieras, investigadoras, programadoras, emprendedoras o inventoras de tecnología que muchas veces están en la sombra; que eduquen en conceptos básicos; y que inspiren a los jóvenes –sobre todo a las chicas– a estudiar carreras tecnológicas.

Para fomentar la presencia de mujeres en tecnologías de la información y la comunicación han surgido decenas de iniciativas de apoyo, capacitación y sensibilización a escala nacional e internacional, aunque quizás sea necesario aunar esfuerzos para multiplicar su impacto y visibilidad. Otro paso crucial sería introducir la asignatura de Pensamiento Computacional (como describí en el capítulo 5) como troncal, ya que todos los estudiantes –chicos y chicas por igual– adquirirían con naturalidad competencias tecnológicas, derribando así el estereotipo de género asociado a la tecnología.

Más allá de la diversidad de género, la diversidad de área de conocimiento –la multidisciplinariedad– es clave en el contexto de la Inteligencia Artificial. La razón está en su transversalidad. La IA puede aplicarse a un sinfín de áreas de conocimiento y problemas, y con frecuencia los sistemas de IA interaccionan o tienen consecuencias para la vida de miles o millones de personas. Por ello es necesario crear equipos multidisciplinares con expertos y expertas tanto en disciplinas técnicas –como ingeniería e informática– como en las ciencias sociales –antropología, psicología, ética o sociología –, y en las áreas específicas de aplicación de la IA –medicina, educación, transporte, políticas públicas, …–.

ESTRECHANDO LA BRECHA DE GÉNERO

La brecha de género en tecnología se aborda desde múltiples frentes, con iniciativas a escala nacional e internacional.

En España, el proyecto Mujer e Ingeniería, de la Real Academia Española de Ingeniería, apoya a chicas estudiantes de ingeniería a través de redes de tutorización. El concurso *Wisibizalas*, de la Universidad Pompeu Fabra (UPF), promueve en colegios e institutos la visibilidad de las mujeres en el ámbito tecnológico. La Asociación de Mujeres Investigadoras y Tecnólogas (AMIT) defiende la equidad de género en la ciencia. *MujeresTech* ofrece recursos y conocimiento para aumentar la presencia femenina en el sector digital. El Premio Ada Byron a la Mujer Tecnóloga, de la Universidad de Deusto, que tuve el honor de recibir en 2016, premia y visibiliza trayectorias excelentes de mujeres en diversos campos tecnológicos.

En Europa y a escala global, *Women in AI* agrupa a más de 10.000 profesionales en más de 90 países, con programas de mentoring, visibilidad y acceso a redes profesionales. La iniciativa *Girls Who Code*, fundada en EE. UU. en 2012, ha alcanzado a más de 500.000 estudiantes en más de 60 países con programas extracurriculares de programación. La

EU Women in Digital Scoreboard monitoriza anualmente la brecha de género digital en los 27 Estados miembros y sirve de base para políticas de la Comisión Europea. En América Latina, *Laboratoria* ha formado a más de 4.000 mujeres en tecnología en siete países, con una tasa de inserción laboral superior al 80 % en el sector tecnológico.

Ninguna de estas iniciativas es suficiente por sí sola. Lo que tienen en común es que operan sobre todos los eslabones de la cadena: visibilidad de referentes, formación técnica, acceso a redes y políticas institucionales. Actuar sobre un solo eslabón sin los demás reduce el impacto. Aunar esfuerzos –y financiación– entre iniciativas nacionales e internacionales multiplicaría su efecto.

Los laboratorios urbanos

Otra dimensión para el empoderamiento social a través de la Inteligencia Artificial conlleva la generación de espacios de colaboración. Se trata de crear laboratorios urbanos –*living labs*, en la jerga– basados en la compartición de datos, tecnología y talento, para contribuir al progreso de la Inteligencia Artificial y democratizar su acceso, equilibrando las desigualdades y la asimetría.

Algunos ejemplos son el Mobile Territorial Lab[183], en Trento (Italia), con quienes colaboré cuando era Directora Científica en Telefónica, y el Laboratorio Urbano de Bogotá (Colombia), impulsado por la ONG Data–Pop Alliance. En el Mobile Territorial Lab lideré un proyecto para entender, desde un punto de vista centrado en las personas, el valor monetario que los usuarios asignan a los datos captados por sus móviles. Este proyecto[184] fue acogido con gran interés por parte de medios de comunicación nacionales e internacionales al ser la primera investigación que exploraba esta cuestión.

América Latina presenta condiciones que hacen especialmente urgente este tipo de espacios: alta penetración de *smartphones* combinada con instituciones públicas con recursos limitados; una ciudadanía joven y digitalmente activa que ya interactúa con algoritmos diseñados para otros contextos; y una enorme diversidad lingüística y cultural que los modelos globales de IA apenas representan. Brasil, con su Ley Geral de Proteção de Dados (LGPD) aprobada en 2020, ha dado pasos propios hacia la gobernanza de datos. Pero la mayoría de los países de la región carecen de marcos regulatorios equivalentes al europeo, y es complejo poder desarrollarlos de forma independiente sin cooperación activa y transferencia real de conocimiento.

Big Data e IA para el bien social

Llevo casi veinte años trabajando en el uso de Big Data e Inteligencia Artificial para el bien común. A lo largo de estos años he visto cómo lo que comenzó siendo un campo emergente se ha transformado en un movimiento global con impacto real en la vida de las personas. El panorama ha evolucionado enormemente: proyectos que hace años eran experimentos pioneros hoy son programas consolidados que salvan vidas y mejoran comunidades en todo el mundo[185, 186].

Mi trabajo en este ámbito me ha permitido colaborar con organizaciones extraordinarias. Con *United Nations Global Pulse* demostramos cómo los datos agregados y anonimizados de telefonía móvil, combinados con imágenes satelitales, pueden detectar zonas afectadas por inundaciones[12] –el tipo de aplicación que convierte la IA en una herramienta de respuesta humanitaria, no solo de negocio–. Un ejemplo de proyecto es OPAL[1], que democratiza el acceso a los datos haciendo que los algoritmos vayan donde están los datos, y no al revés, preservando siempre la privacidad de las personas.

Lo que más me motiva es que estas iniciativas individuales forman parte de un ecosistema creciente. La colaboración público-privada se ha normalizado: el *AI for Good Global Summit* de la ITU[187], el *Pacto Digital Global* de Naciones

[1] https://www.opalproject.org/

Unidas[188], la *Partnership on AI*[189]. Todos apuntan en la misma dirección: el desarrollo de la IA debería ser responsable, sin dejar a nadie atrás.

Conviene, sin embargo, reconocer las tensiones que surgen en este ecosistema. Algunas de las empresas más activas en iniciativas de IA para el Bien Social son también las empresas que han optimizado sus plataformas para maximizar el tiempo que pasamos mirando pantallas –impactando negativamente en nuestra atención y bienestar como describimos más adelante– o las que desarrollan sistemas de vigilancia que adquieren los estados autoritarios. La filantropía corporativa en IA es real en muchos casos, pero no basta como respuesta sistémica. Necesita regulación, no solo buena voluntad.

Conviene señalar también que los países denominados "del Sur Global" no son –ni deberían ser– solo destinatarios de estas iniciativas: son escenario de debates propios sobre soberanía de datos, modelos alternativos de gobernanza digital, y resistencia al colonialismo tecnológico. Investigadores como Nick Couldry y Ulises Mejias[178] han documentado cómo la extracción masiva de datos reproduce estructuras coloniales de apropiación de recursos, con el Sur Global como principal afectado. Escuchar estas voces, de igual a igual, es una condición necesaria para que la IA sea realmente por y para todos. Y para ello, lo primero es reconocer que esas voces ya existen y ya construyen.

Por ejemplo, en África, la comunidad *Masakhane* –cuyo nombre significa "construimos juntos" en zulú– agrupa a más de mil investigadoras e investigadores de treinta países del continente que desarrollan modelos de traducción automática y procesamiento del lenguaje para lenguas africanas infrarrepresentadas[190]. En India, el proyecto *AI4Bharat* del IIT Madras ha creado modelos de código abierto que cubren las 22 lenguas constitucionales del país –desde el tamil hasta el santali–, con un corpus de 230 millones de pares de frases disponible gratuitamente para investigadores y gobiernos locales[191]. También en India, el *Wadhwani Institute for Artificial Intelligence* desarrolla sistemas de IA para comunidades desfavorecidas: su sistema TRACE-TB detecta tuberculosis analizando el sonido de la tos y está desplegado en el programa nacional de eliminación de la enfermedad, y su aplicación CottonAce identifica plagas agrícolas por fotografía y funciona sin conexión a internet en nueve idiomas[192]. En el Sudeste Asiático, los diez países miembros de la ASEAN han publicado su propia guía de gobernanza ética de la IA[193], actualizada en 2024 para incluir la IA generativa –un marco regional que refleja prioridades y valores propios–. Y en junio de 2024, la Unión Africana adoptó su *Estrategia Continental de Inteligencia Artificial*[194], que enmarca la IA como motor del desarrollo del continente con foco explícito en sanidad, agricultura, educación e inclusión financiera hasta 2030.

Estas iniciativas son la mejor respuesta a quienes piensan que la IA es un asunto occidental: el mundo lleva años construyendo sus propias respuestas. Lo que falta, con frecuencia, no es voluntad ni talento, sino recursos, infraestructura de computación, y un ecosistema internacional que trate a estos actores como socios, no como receptores.

Cuando quien decide es un algoritmo

Hoy podemos usar cantidades masivas de datos para entrenar algoritmos de Inteligencia Artificial y hacer que decisiones que antes recaían sobre personas expertas –la concesión de un crédito, la valoración de un candidato, un diagnóstico médico, una sentencia judicial– sean tomadas por sistemas automáticos a escala masiva. El atractivo es evidente: los algoritmos no tienen conflictos de interés ni enemigos, no se cansan ni son susceptibles a la corrupción. Sin embargo, Platón ya anticipó hace 2.400 años que "una buena decisión está basada en conocimiento, no en números". Y como hemos visto en el capítulo anterior, los sistemas algorítmicos no son perfectos y adolecen, entre otras cosas, de sesgos, opacidad y una incapacidad para reconocer que se equivocan.

Cuando algoritmos con estas limitaciones se despliegan a escala de millones de decisiones que afectan a personas concretas, surgen preguntas complejas cuya respuesta exige gobernanza, no solo ingeniería: ¿quién es responsable cuando el algoritmo se equivoca? ¿Puede una persona afectada exigir explicaciones y recurrir la decisión? ¿Cómo garantizamos que el sistema no perpetúa las desigualdades históricas presentes en los datos con que fue entrenado?

En el contexto de la gobernanza de la IA, unas guías éticas voluntarias publicadas en 2019 por el Comité de Expertos de Alto Nivel de la Comisión Europea –del que fui miembro reserva– sentaron las bases de lo que se convertiría en el primer marco regulatorio vinculante sobre el uso de la IA en Europa[195, 90]. Con este reglamento, Europa se posiciona como pionera mundial, estableciendo estándares que ya están influyendo en legislaciones de otros países y regiones.

El Reglamento Europeo de Inteligencia Artificial

El Reglamento de Inteligencia Artificial de la Unión Europea, conocido como EU AI Act, representa un hito histórico en la gobernanza del uso de la Inteligencia Artificial. Es el primer marco regulatorio integral y vinculante sobre el uso de la IA a escala supranacional, y establece un precedente que muy probablemente influirá en legislaciones de otros países y regiones, de manera similar a como el RGPD europeo se ha convertido en referencia mundial para la protección de datos.

Cuando en febrero de 2020 la Comisión Europea publicó su Libro Blanco sobre Inteligencia Artificial, pocos anticipamos la complejidad del camino que nos esperaba. La propuesta legislativa llegó en abril de 2021, pero el proceso de negociación duró tres años –mucho más de lo proyectado inicialmente–. ¿Qué retrasó la aprobación? Fundamentalmente, la explosión de la IA generativa a partir de noviembre de 2022.

El texto original de 2021 no contemplaba los modelos de IA generativa que, en terminología del reglamento, se denominan sistemas de IA de propósito general (modelos GPAI en inglés por *General Purpose AI Models*) . Estos modelos –capaces de generar texto, imágenes, código, y pronto vídeo de forma indistinguible de creaciones humanas– planteaban desafíos regulatorios nuevos.

Las negociaciones de 2023 fueron intensas. Francia, Alemania e Italia presionaron para regulaciones más ligeras sobre este tipo de modelos, argumentando que Europa perdería competitividad frente a Estados Unidos y China. El Parlamento Europeo, liderado por el ponente Brando Benifei y la relatora Dragos Tudorache, insistió en salvaguardas robustas. Organizaciones de la sociedad civil advirtieron sobre los riesgos. El resultado fue un compromiso: requisitos de transparencia obligatorios pero proporcionales, con obligaciones más estrictas solo para modelos que presentan *riesgos sistémicos*, asignados a los modelos llamados "de frontera", es decir, los modelos de IA generativa más grandes y potentes.

La aprobación final llegó en marzo de 2024 y partir de ese momento comenzó la verdadera prueba: la implementación.

El núcleo del Reglamento es su enfoque basado en riesgos, que clasifica los sistemas de IA en cuatro categorías

Figura 22: *Clasificación de los sistemas de Inteligencia Artificial según su nivel de riesgo establecida por el Reglamento de IA de la Unión Europea (2024). Cada categoría determina las obligaciones de cumplimiento que deben satisfacer quienes desarrollan y despliegan sistemas de IA (fuente: Reglamento de IA, Unión Europea, 2024).*

según el nivel de riesgo que representan para los derechos fundamentales y la seguridad de las personas:

Riesgo inaceptable (prohibido). Entre otros, sistemas que manipulan a las personas de forma subliminal, realizan puntuación social ciudadana, o identifican biométricamente a personas en espacios públicos en tiempo real. Prohibidos en territorio europeo desde febrero de 2025.

Alto riesgo. Sistemas que toman o influyen en decisiones con consecuencias serias para las personas: selección de empleo, admisiones universitarias, evaluación de crédito, diagnóstico médico, perfilado policial o administración de justicia. Deben demostrar que funcionan bien antes de desplegarse, documentar sus datos de entrenamiento y garantizar supervisión humana efectiva.

Riesgo limitado. Chatbots, generadores de contenido sintético, reconocimiento de emociones. La obligación principal es la transparencia: el usuario debe saber que interactúa con una máquina y el contenido generado por IA debe etiquetarse como tal.

Riesgo mínimo. La gran mayoría de sistemas –filtros de spam, videojuegos, recomendadores de música– sin requisitos obligatorios, aunque se fomenta la adopción voluntaria de buenas prácticas.

LA IA EN EL DIAGNÓSTICO MÉDICO: PROMESA Y CAUTELA

Los sistemas de apoyo a la toma de decisiones clínicas son uno de los ejemplos paradigmáticos de IA de alto riesgo bajo el Reglamento Europeo. Y con razón: cuando un algoritmo influye en determinar si un paciente recibe un diagnóstico de cáncer, una dosis de medicamento o acceso a un trasplante, las consecuencias de un error son potencialmente irreversibles.

Las promesas son reales. Un estudio publicado en *Nature* demostró que una red neuronal profunda clasificaba lesiones cutáneas con una precisión comparable a la de dermatólogos especialistas[196]. Algoritmos similares detectan retinopatía diabética en imágenes de fondo de ojo igualando o superando a los oftalmólogos. En países con escasez de especialistas, estos sistemas pueden ser la diferencia entre diagnóstico temprano y enfermedad silenciosa.

Pero la distancia entre el laboratorio y el hospital real es considerable. Una revisión sistemática en *BMJ* evaluó más de 400 modelos de predicción de COVID-19 desarrollados en 2020 –destinados a identificar pacientes con riesgo de deterioro grave– y concluyó que la mayoría presentaban alto riesgo de sesgo y ninguno estaba listo para uso clínico generalizado[197]. El problema principal no era la intención sino la validez externa: modelos entrenados en un hospital durante la primera ola de coronavirus no funcionaban bien en otro hospital, con otra población, en otra fase de la pandemia. Los datos del pasado tienen limitaciones para permitirnos predecir el futuro.

El Reglamento exige que estos sistemas documenten sus datos de entrenamiento, demuestren su precisión en poblaciones representativas, garanticen supervisión humana efectiva y permitan que las personas afectadas entiendan las razones de una decisión. Son requisitos sensatos que tendremos que ver cómo se implementan en términos prácticos. En la práctica hospitalaria actual, la respuesta habitual es que el paciente firmó un formulario de consentimiento informado que incluía, entre docenas de cláusulas, la autorización para el uso de "herramientas informáticas de apoyo clínico". Es un consentimiento formalmente válido e informativamente vacío: no especifica qué algoritmos, con qué datos fueron entrenados, qué poblaciones representan ni qué tasa de error tienen. El AI Act exige transparencia y supervisión humana efectiva; lo que no resuelve por sí solo es la brecha entre el derecho legal a una explicación y la capacidad real de los pacientes –y de los propios profesionales sanitarios– de entender y cuestionar los sistemas que participan en su atención.

Regulando la IA de propósito general

Una adición crucial durante las negociaciones legislativas de 2023 fue la inclusión de disposiciones específicas para los *modelos de IA de propósito general* (GPAI por sus siglas en inglés) una categoría que cubre los modelos de IA generativa, como GPT-4, Claude, Gemini, Mistral, y similares.

Los proveedores de modelos GPAI deben cumplir requisitos de transparencia, incluyendo documentación técnica detallada, información sobre el uso de datos protegidos por derechos de autor en el entrenamiento (una cuestión especialmente controvertida), y políticas para mitigar riesgos. Además, los modelos más potentes —aquellos que requirieron un coste computacional equivalente a entrenar GPT-4, es decir, más de cien millones de dólares solo en hardware— quedan sujetos a obligaciones adicionales por considerar que presentan riesgos sistémicos. Aunque este umbral ya está siendo cuestionado —modelos más recientes como DeepSeek-R1 han alcanzado capacidades similares a un coste mucho menor—, lo que sugiere que el dinero gastado es una medida frágil para definir riesgo sistémico a medida que mejoran las técnicas de entrenamiento eficiente.

LOS DATOS DETRÁS DE LOS MODELOS

Los LLMs se entrenan con cantidades masivas de texto recopilado de internet: artículos, libros, sitios web, conversaciones en redes sociales. GPT-3 se entrenó con aproximadamente 45 TB de datos textuales comprimidos[25], equivalente a cientos de miles de millones de palabras. Esta escala plantea preguntas éticas importantes: ¿Quién es dueño de esos datos? Muchos son contenidos creados por personas que nunca consintieron su uso para entrenar IA. Escritores, periodistas y creadores de contenido han demandado a empresas de IA alegando violación de derechos de autor. La pregunta sobre cómo equilibrar la innovación tecnológica con los derechos de los creadores originales sigue abierta y será decisiva para el futuro de la IA generativa.

Para facilitar la implementación de estas obligaciones, la Comisión Europea estableció en 2024 un proceso de desarrollo de Códigos de Práctica participativos, donde representantes de la industria, academia, sociedad civil y autoridades nacionales colaboran para traducir los requisitos legales abstractos en prácticas concretas y técnicamente viables. Tuve el honor de participar como Co-Presidenta del Grupo de Trabajo 1 sobre Transparencia y Normas Relacionadas con Derechos de Autor en el desarrollo de este Código de Práctica entre octubre de 2024 y julio de 2025. Fue un proceso altamente participativo y no exento de cierta tensión al contar con voces que representaban intereses de empresas, tanto grandes como pequeñas, organizaciones de la sociedad civil y expertos académicos. Nuestro desafío fue traducir requisitos legales abstractos en prácticas concretas, técnicamente viables, y verificables por auditores que a menudo carecen de conocimiento profundo de aprendizaje automático.

Gobernanza multinivel y despliegue gradual

Desde el punto de vista de la gobernanza, el reglamento establece una gobernanza en distintos niveles. A nivel europeo, la Oficina Europea de IA supervisa los sistemas de alto riesgo, coordina autoridades nacionales y mantiene bases de datos, mientras que el Comité Europeo de Inteligencia Artificial emite recomendaciones y guías. A nivel nacional, cada Estado miembro designa autoridades de supervisión. En España, esta función la asume la Agencia Española de Supervisión de la Inteligencia Artificial (AESIA), creada en 2024, de cuyo Consejo Rector formo parte.

A diferencia de España, otros Estados miembros designaron sus autoridades nacionales de supervisión del cumplimiento de esta nueva regulación. Alemania y Francia, con recursos superiores, establecieron oficinas con más personal técnico especializado. Países más pequeños como Estonia o Lituania optaron por integrar la supervisión de IA dentro de autoridades de protección de datos existentes.

El Reglamento entró en vigor el 1 de agosto de 2024, pero su aplicación es gradual: primero se prohíben los sistemas de riesgo inaceptable (febrero 2025), luego se establecen obligaciones para modelos GPAI (agosto 2025) y para sistemas de alto riesgo nuevos (agosto 2026) y ya desplegados (agosto 2027). Este calendario escalonado permite proteger derechos sin dificultar la adaptación de sistemas existentes.

¿Funcionará el AI Act? En sus primeras fases de implementación, es demasiado pronto para juzgar y las reacciones han sido variadas. Por un lado, ha sido elogiado por organizaciones de derechos humanos y sociedad civil como un avance necesario para proteger a las personas de los riesgos de la IA, estableciendo un "estándar de oro" global similar al RGPD. Países como Brasil, Canadá, Japón, y varios Estados africanos están considerando o desarrollando marcos regulatorios inspirados en el enfoque europeo.

Por otro lado, algunas empresas tecnológicas, especialmente *startups* europeas y medianas empresas, argumentan que los requisitos de cumplimiento son excesivamente onerosos y costosos, lo que podría frenar la innovación europea frente a competidores estadounidenses y chinos menos regulados. Desde la perspectiva de derechos digitales, algunas organizaciones critican que ciertas excepciones

–como el uso policial de biometría en casos de terrorismo– son demasiado amplias y podrían ser abusadas.

Considero que el AI Act representa un paso necesario y valiente hacia la gobernanza responsable de la Inteligencia Artificial. No es perfecto –ninguna regulación pionera lo es–, y requerirá ajustes y actualizaciones a medida que la tecnología evolucione y aprendamos de su aplicación práctica. Pero establece principios fundamentales: la IA debe respetar derechos fundamentales, ser transparente cuando afecta a personas, y estar sujeta a supervisión humana en contextos críticos. Estos no son obstáculos a la innovación, sino condiciones para una innovación sostenible, responsable y socialmente legítima. Europa ha elegido liderar no mediante la carrera por la IA más potente a cualquier coste, sino mediante el desarrollo de la IA más confiable y centrada en las personas. Es una apuesta por un modelo de competitividad basado en valores, y personalmente, me enorgullece contribuir a hacerla realidad. Debo señalar, con la misma honestidad, que participar activamente en el diseño de un proceso condiciona inevitablemente mi perspectiva con que uno lo evalúa, lo que no invalida el análisis, pero sí lo sitúa.

Sin embargo, sería ingenuo pensar que la historia termina aquí. El AI Act regula lo que sucede en territorio europeo, pero los modelos se entrenan en todo el mundo y circulan globalmente, siendo utilizados por cientos de millones de ciudadanos latinoamericanos, africanos o asiáticos que no tienen ningún equivalente del AI Act que los proteja, y que tampoco participaron en su diseño. El riesgo es que el estándar europeo se exporte como referencia global no porque sea el más adecuado para todos los contextos, sino simplemente porque es el que existe. Además, la regulación por jurisdicción choca con la naturaleza inherentemente transfronteriza de la IA. Existe además una asimetría temporal estructural: los ciclos legislativos duran años; los ciclos de desarrollo de modelos, meses. El riesgo es que la regulación llegue siempre tarde a los problemas que importan. Esto no invalida el AI Act –es el marco regulatorio del uso de la IA más ambicioso que existe–, pero sí obliga a complementarlo con mecanismos de gobernanza más ágiles: evaluaciones de riesgo continuas, cooperación regulatoria internacional, y la participación activa no solo de la sociedad civil organizada, sino de la ciudadanía en general, que hoy en día prácticamente no participa en las decisiones sobre qué sistemas de IA se despliegan en su nombre y con qué consecuencias. La gobernanza de la IA no puede ser solo un asunto de expertos y reguladores. Necesita también canales de deliberación democrática real.

La gobernanza del uso dual

La regulación que acabo de describir aborda principalmente los riesgos del uso *legítimo* de la IA: sistemas comerciales, aplicaciones de alto riesgo en sanidad o justicia, modelos de uso general. Pero como señalé en el Capítulo 3, existe un riesgo cualitativamente distinto: el uso *deli-*

beradamente dañino por actores que no tienen ningún incentivo para cumplir regulación alguna.

La caja de Pandora lleva tiempo abierta. Modelos capaces están disponibles en repositorios públicos; las técnicas para eliminar sus salvaguardas están documentadas. El AI Act no puede obligar a un actor malicioso a registrarse ante ninguna autoridad ni someterse a auditoría.

Lo que sí puede hacer la regulación es al menos tres cosas. Primero, elevar el coste de acceso a los sistemas más capaces: los controles de exportación de chips especializados, los requisitos de identificación para acceder a APIs de frontera y la trazabilidad de los usos más peligrosos son medidas imperfectas pero no irrelevantes. Segundo, establecer responsabilidad legal para plataformas que distribuyan herramientas construidas para causar daño demostrado: la inmunidad de las plataformas frente a contenidos de terceros necesita revisarse en el contexto de herramientas de daño construidas explícitamente. Tercero, crear mecanismos de respuesta rápida –equivalentes a los CERT de ciberseguridad– con mandato y capacidad para contener daños cuando ocurran. Ninguna de estas medidas elimina el riesgo. Pero la alternativa –esperar a que los actores dañinos se autoregulen– no es una estrategia: es una renuncia.

Más allá de Europa: un mundo de marcos múltiples

El AI Act es un hito europeo. Pero la IA se desarrolla, se despliega y se usa globalmente, en contextos políticos y culturales muy distintos al europeo.

China ha desarrollado el enfoque regulatorio más prolífico: sus regulaciones sobre algoritmos de recomendación (2022), contenido sintético (2022) y modelos de lenguaje (2023) son de las primeras del mundo en sus respectivas categorías. Pero parten de una concepción del Estado, la privacidad y el control de la información radicalmente distinta a la europea: en el modelo chino, la supervisión algorítmica es una herramienta de gobernanza estatal, no un riesgo a limitar. Estados Unidos apostó por la autorregulación voluntaria y compromisos ejecutivos, sin legislación federal vinculante. Brasil avanza con su marco regulatorio basado en la LGPD. India desarrolla el suyo.

El Sur Global –donde viven la mayoría de los usuarios actuales y futuros de la IA– no dispone aún de marcos equiparables. Los cientos de millones de personas que utilizan herramientas de IA en América Latina, África subsahariana o el Sudeste Asiático lo hacen sin el paraguas de protección que el AI Act ofrece a los ciudadanos europeos, y frecuentemente a través de modelos entrenados con datos de otros contextos culturales y lingüísticos.

El riesgo de esta fragmentación es la *carrera hacia el mínimo*: que las empresas diseñen sistemas para los mercados con menos exigencias y los exporten sin adaptación. La respuesta requiere foros de gobernanza verdaderamente globales, y el reconocimiento de que las necesidades de un ciudadano en Lagos o en Lima no son idénticas a las de uno en Bruselas o Madrid.

Impacto de la regulación

El paso de recomendaciones éticas a obligaciones legales marca un cambio fundamental: las organizaciones que despliegan sistemas de decisión algorítmica ya no pueden limitarse a afirmar que sus sistemas son justos o transparentes; ahora deben demostrarlo ante las autoridades regulatorias. El impacto es tangible especialmente en los escenarios de alto riesgo. ¿Quién obtiene un trabajo? ¿A quién se le concede un préstamo hipotecario? ¿Qué estudiante es admitido en la universidad? ¿Recibe un paciente un diagnóstico o tratamiento médico? ¿Puede una persona acceder a prestaciones sociales? Estas decisiones, que tradicionalmente requerían juicio humano caso por caso, están cada vez más mediadas por algoritmos. Y el Reglamento establece que estos sistemas de IA de alto riesgo deben ahora someterse a evaluaciones rigurosas de conformidad, mantener documentación técnica exhaustiva que permita auditorías, garantizar supervisión humana efectiva –no meramente simbólica– y permitir que las personas afectadas comprendan las razones de una decisión y puedan cuestionarla.

Pensemos en un ejemplo concreto: un sistema algorítmico que filtra currículos para procesos de contratación. Antes de la regulación, una empresa podía desplegar este sistema sin obligación de revelar cómo funciona, qué datos utiliza o si reproduce sesgos históricos contra ciertos colectivos. Ahora, ese mismo sistema debe documentar su lógica de decisión, demostrar que no discrimina injustamente, permitir que un humano revise las decisiones críticas y garantizar que los candidatos rechazados puedan entender por qué. Lo que antes era buena práctica voluntaria –que muchas empresas ignoraban– se ha convertido en requisito legal con sanciones significativas para quienes no cumplan.

UNA INTELIGENCIA ARTIFICIAL FIABLE

Para lograr su objetivo de Inteligencia Artificial fiable, la Comisión identificó siete requisitos, relacionados con los principios FATES que describo en el texto, que posteriormente se consolidaron en el marco legal del Reglamento de IA aprobado en 2024:

- **Intervención y supervisión humanas.** Los sistemas de Inteligencia Artificial deben ayudar a construir sociedades equitativas, apoyando la intervención humana y los derechos fundamentales, en lugar de limitar la autonomía humana.

- **Robustez y seguridad**. Los algoritmos deben ser suficientemente seguros, fiables y sólidos como para resolver errores o incoherencias durante todas las fases del ciclo de vida útil de los sistemas de Inteligencia Artificial.
- **Privacidad y gestión de datos**. Los ciudadanos deben tener pleno control sobre sus datos. Los datos que les conciernen no deben utilizarse para perjudicarles o discriminarles.
- **Diversidad, no discriminación y equidad**. Los sistemas de IA deben tener en cuenta el conjunto de capacidades, competencias y necesidades humanas, y garantizar la accesibilidad.
- **Bienestar social y medioambiental**. Los sistemas de IA deben impulsar el cambio social positivo y aumentar la sostenibilidad y la responsabilidad ecológicas.
- **Transparencia**. Debe garantizarse la trazabilidad de los sistemas de Inteligencia Artificial.
- **Rendición de cuentas**. Deben implantarse mecanismos que garanticen la responsabilidad y la rendición de cuentas de los sistemas de IA y de sus resultados.

La regulación transforma también la cultura organizativa. Las empresas que desarrollan o usan sistemas de IA están creando nuevos roles –oficiales de cumplimiento de

IA, comités de ética algorítmica, equipos de auditoría de sistemas– que antes no existían. La responsabilidad ya no recae solo en ingenieros y científicos de datos, sino en toda la cadena de decisión empresarial. Y, lo que es más importante para la ciudadanía: cuando un algoritmo toma una decisión que nos afecta negativamente, ahora tenemos el derecho legal a una explicación y, en muchos casos, a la intervención humana.

Conviene recordar, además, que ya hemos vivido una versión anterior de este momento. Internet prometió en los años noventa exactamente lo que la IA promete hoy: democratización del conocimiento, acceso universal, empoderamiento ciudadano. El resultado fue transformador –y también produjo concentración oligopólica en un puñado de plataformas, vigilancia masiva a escala sin precedentes y polarización algorítmica alimentada por sistemas de recomendación optimizados para hacernos pasar cada vez más tiempo delante de las pantallas. No es que la historia se repita de manera mecánica, pero tenemos razones históricas sólidas para no asumir que las promesas democratizadoras se cumplen solas. La regulación que llegó tarde con internet –reaccionando al daño ya hecho, nunca anticipándolo– no debería ser el modelo para la IA. Esa lección es uno de los argumentos más fuertes para el tipo de regulación proactiva que representa el AI Act, con todos sus límites.

Más allá del respeto a los derechos humanos fundamentales, los sistemas inteligentes autónomos que modulan decisiones que afectan a personas necesitan operar dentro de reglas que definan su comportamiento de acuerdo con los principios éticos aceptados en la sociedad. Por ello, es importante que los desarrolladores de sistemas de Inteligencia Artificial que afecten o interaccionen con personas –algoritmos de toma de decisiones, de recomendación y personalización, *chatbots*...– se comporten de acuerdo con un Código de Conducta y de Ética definido por las organizaciones en que trabajan. Como sabiamente dijo Disney, "no es difícil tomar decisiones cuando tienes claro cuáles son tus valores".

En los últimos años ha habido distintas propuestas de principios éticos de la Inteligencia Artificial. Por ejemplo, los principios de IA de la OCDE[198], adoptados por más de cincuenta países, organizan compromisos en torno a cinco valores: crecimiento inclusivo, valores centrados en el ser humano, transparencia, robustez y rendición de cuentas. Las guías éticas de la Comisión Europea[195] de ese mismo año identifican siete dimensiones, desde la supervisión humana hasta la sostenibilidad medioambiental (ver cuadro gris "Una Inteligencia Artificial Fiable"). El marco de la UNESCO (2021) añade explícitamente la protección del medioambiente y la diversidad cultural como dimensiones propias[199]. También se han creado institutos y centros de investigación con este fin: el AI Now Institute, en la Universidad de Nueva York (EE. UU.); el Digital Ethics Lab, en la Universidad de Oxford (Reino Unido); el UK AI Safety Institute; la EU AI Office; o la Fundación ELLIS Alicante, que dirijo, dedicada a Inteligencia Artificial responsable y para el Bien Social.

La ética en la IA es un área activa de investigación, y no hay un método único para incorporar principios éticos a los procesos de decisión basados en datos. Resumo aquí los principios más relevantes, agrupados en cinco pilares que forman el acrónimo *FATES*[200]: *Fairness* (justicia y equidad), *Autonomy* (autonomía, aumento de la inteligencia y responsabilidad), *Trust* (confianza y transparencia), *bEneficiencia* (efecto beneficioso) y *Seguridad* (seguridad e inocuidad). En esta edición de 2026, el principio original de *No-maleficiencia* se reformula como *Seguridad*, término que captura mejor su alcance actual: no solo evitar daño, sino garantizar comportamientos fiables, robustos y alineados con los valores humanos ante los modelos más capaces. Juntos, estos cinco principios ofrecen un mapa para orientar tanto el diseño de sistemas de IA como las políticas públicas que los regulan.

Lo que distingue a FATES de otros marcos éticos propuestos es su vocación operativa: cada principio se formula pensando en cómo se implementa en la práctica de diseño y despliegue de sistemas, no solo en cómo se enuncia en un documento de política. Con todos sus límites –que abordo a continuación–, es el marco con el que trabajo porque es el que mejor me permite conectar la ética con la ingeniería.

Conviene advertir, sin embargo, que estos principios no siempre apuntan en la misma dirección. La transparencia puede colisionar con la protección de la propiedad intelectual o con la privacidad de los datos de entrenamiento. Garantizar la autonomía del usuario puede dificultar la seguridad, si esa autonomía se ejerce de manera que cause daño. La equidad exige a veces intervenir en decisiones algorítmicas, lo que puede reducir la confianza en su objetividad. Estas tensiones no son defectos del marco: son la realidad de cualquier sistema de valores aplicado al mundo real, y navegar entre ellas –caso a caso, contexto a contexto– es precisamente el trabajo que ningún algoritmo puede hacer por nosotros.

Además, FATES es un marco situado: emerge de la tradición de derechos individuales de la ética occidental y encaja de manera natural con las categorías jurídicas europeas. Otras tradiciones como la filosofía africana del *ubuntu*, que sitúa a la comunidad antes que al individuo; las concepciones colectivistas del bienestar presentes en muchas culturas asiáticas; o las cosmovisiones indígenas que extienden los derechos al entorno natural, plantearían preguntas distintas. Un marco de gobernanza que aspire a ser verdaderamente global necesitará dialogar con estas tradiciones, no solo exportar las suyas. Esta advertencia es especialmente relevante para el primer principio de FATES: la justicia y la equidad son conceptos cuyo significado varía profundamente según la tradición cultural desde la que se definen.

Justicia algorítmica y equidad

La F de FATES es de *Fairness* –justicia y no discriminación–. En el capítulo anterior hemos explorado con detalle cómo los sistemas algorítmicos pueden reproducir e incluso amplificar sesgos presentes en sus datos de entrenamiento, con consecuencias discriminatorias en decisiones tan cruciales como la contratación laboral, la concesión de créditos o los diagnósticos médicos. Conocer el problema es el primer paso; el segundo es abordarlo y, para ello, la *cooperación* es necesaria.

Debido a la transversalidad de la Inteligencia Artificial, fomentar un intercambio constructivo de recursos y conocimientos entre los sectores privado, público y la sociedad en general es una de las condiciones para conseguir su máximo potencial de aplicación y beneficio social. Esta necesidad de cooperación entre diferentes sectores, y también entre naciones –dada la globalización–, ha sido enfatizada por Yuval Noah Harari[123]. Y esa cooperación resulta aún más necesaria cuando consideramos que la injusticia algorítmica no opera solo a escala individual: hay una segunda dimensión, sistémica, que exige una respuesta igualmente colectiva.

La *equidad sistémica* –quién se beneficia de la IA y quién queda al margen– es esa otra cara de la justicia algorítmica.

El espíritu de solidaridad y la igualdad quizás se están diluyendo con el desarrollo tecnológico. El crecimiento de internet y del *World Wide Web* durante las Tercera y Cuarta Revoluciones Industriales ha sido sin duda clave para generalizar el acceso al conocimiento. Sin embargo, los principios de universalización del conocimiento y democratización del acceso a la tecnología están siendo cuestionados hoy en día, en gran parte por la situación de dominancia extrema de las grandes empresas tecnológicas estadounidenses –Alphabet/Google, Amazon, Apple, Facebook, Microsoft– y chinas –Tencent, Alibaba, Baidu–. Es el fenómeno conocido como *winner takes all*, o *el ganador se lo lleva todo.*

Juntos, estos gigantes tecnológicos tienen un valor de mercado de más de 5 billones –millones de millones– de euros, y unas cuotas de mercado en EE. UU. de más de un 90 % en las búsquedas de internet (Google), de un 70 % de las redes sociales (Facebook) o de un 50 % del comercio electrónico (Amazon).

De hecho, el siglo XXI se caracteriza por una polarización en la acumulación de la riqueza. Según un estudio de Oxfam[201], el 1 % más rico del planeta posee la mitad de la riqueza mundial y los 2153 billonarios del mundo tienen más que los 4.600 millones de personas más pobres del mundo, es decir, que el 60 % de la población mundial. Esta acumulación de riqueza en manos de unos pocos ha sido atribuida al menos parcialmente al desarrollo tecnológico y a la Cuarta Revolución Industrial.

Con la Revolución Agraria en el neolítico, y durante miles de años, la propiedad de la tierra conllevaba riqueza. En la Revolución Industrial la riqueza pasó a estar ligada a la propiedad de las fábricas y las máquinas. Hoy en día podríamos argumentar que los datos, y la capacidad para sacarles partido, son el activo que más riqueza genera, dando lugar a lo que se conoce como la economía de los datos.

Recordemos que los países más poblados del mundo son Facebook, WhatsApp, Instagram y TikTok –cuatro "países" digitales y globales con más de mil millones de ciudadanos y ciudadanas cada uno, y menos de veinte años de historia–, gobernados por presidentes que nadie ha elegido democráticamente. En consecuencia, un elevado porcentaje de los datos sobre el comportamiento humano disponibles hoy en día son datos privados, captados, analizados y explotados por estas grandes empresas tecnológicas que conocen no solo nuestros hábitos, necesidades, intereses o relaciones sociales, sino también nuestra orientación sexual o política, y nuestros niveles de felicidad, de educación o de salud mental.

Autonomía, responsabilidad e inteligencia aumentada

La A de FATES se desdobla en tres: *Autonomía, Atribución de responsabilidad y Aumento de inteligencia*. La *autonomía* es un valor central en la ética occidental según la cual cada persona debería poder decidir sobre sus propios pensamientos y acciones.

Sin embargo, hoy en día podemos construir –como he hecho en mis propios proyectos de investigación– modelos computacionales de nuestros deseos, necesidades, personalidad y comportamiento, que tienen la capacidad de influir subliminalmente en nuestras decisiones y acciones.

Una cuestión igualmente abierta es la atribución de responsabilidad cuando un sistema de IA causa daño. ¿Quién asume dicha responsabilidad? ¿El fabricante, el operador, el distribuidor, el usuario? La transparencia y las auditorías son condiciones necesarias para responder esa pregunta, pero no suficientes por sí solas.

Mi visión es la de buscar una sinergia entre la Inteligencia Artificial y el ser humano. Esta visión suele llamarse *aumento de la inteligencia –intelligence augmentation–*, con el objetivo de que los sistemas de Inteligencia Artificial aumenten o complementen la inteligencia humana, no la sustituyan. Por ejemplo, un buscador de internet puede considerarse un sistema de aumento de nuestra inteligencia, ya que expande nuestro conocimiento con la capacidad de procesar miles de millones de documentos y encontrar los más relevantes; o un sistema de traducción simultánea automática, ya que permite comunicarse a personas que no hablan el mismo idioma.

Confianza y transparencia, por favor

La *T* de nuestro acrónimo FATES es doble, por *Confianza* –*Trust*, en inglés– y *Transparencia*.

La confianza es un pilar básico en las relaciones entre humanos e instituciones. La tecnología necesita de un entorno de confianza con sus usuarios, que cada vez más delegan –delegamos– aspectos de sus vidas en servicios digitales. Sin embargo, el sector tecnológico está experimentando una pérdida de confianza por parte de la sociedad, un fenómeno al que han contribuido escándalos recientes como el de Facebook con Cambridge Analytica.

Para que exista confianza han de cumplirse tres condiciones[202]: (1) la *competencia*, es decir, la habilidad para realizar con solvencia la tarea comprometida; (2) la *fiabilidad*, es decir, esa competencia sostenida en el tiempo; y (3) la *honestidad y transparencia*. Por ello, la *T* también es de *Transparencia*.

La transparencia, en el contexto de los sistemas de IA, hace referencia a la capacidad de inspeccionar y auditar sus decisiones: saber qué datos utilizan, qué criterios aplican y qué consecuencias producen. No exige que cualquier persona entienda el modelo en detalle –eso sería *interpretabilidad*–, sino que existan mecanismos que lo hagan verificable por quienes tienen la responsabilidad de supervisarlo. Como vimos en el capítulo anterior, las tres formas de opacidad algorítmica que identifica Jenna Burrell[165]

–intencionada, de conocimiento e intrínseca– dificultan precisamente esta verificación: no podemos confiar plenamente en lo que no podemos examinar.

El RGPD europeo ya exige que los sistemas declaren qué datos sobre comportamiento captan y con qué finalidad –un requisito que, sobre el papel, cierra esta brecha, aunque su cumplimiento efectivo sigue siendo desigual. Igualmente, el AI Act obliga a identificar claramente cuándo el interlocutor es un sistema artificial, como un *chatbot*: el derecho a saber con quién –o con qué– se habla no debería depender de la buena voluntad del proveedor.

Pero las regulaciones abordan solo una cara del problema: la *desconfianza* generada por la opacidad. Existe un fallo igualmente peligroso en la dirección contraria: la confianza excesiva. La investigación muestra que tendemos a fiarnos de estos sistemas no porque comprendamos cómo funcionan, sino por la fluidez de sus respuestas, su aparente seguridad y la ausencia de señales obvias de que estamos interactuando con una máquina[203]. A esto se añade que muchos modelos exhiben un *sesgo de positividad* sistemático: tienden a evaluar personas y situaciones de manera más favorable de lo justificado, y a confirmar las opiniones del usuario en lugar de contradecirlas aunque estén equivocadas[204]. Esta confianza mal calibrada puede ser peligrosa cuando el sistema comete errores con la misma seguridad con que acierta, y cuando los objetivos que optimiza no coinciden necesariamente con nuestro bienestar.

EL DERECHO A SABER CÓMO FUNCIONAN LOS SISTEMAS DE IA QUE NOS AFECTAN

Cuando una empresa privada utiliza IA para recomendarnos una película, la opacidad es un inconveniente. Cuando lo hace una administración pública para decidir si alguien recibe un subsidio, accede a una vivienda social o entra en prisión preventiva, la opacidad es un problema democrático de primer orden.

Sin embargo, numerosas administraciones en Europa y el resto del mundo han desplegado sistemas algorítmicos de toma de decisiones sin revelar cómo funcionan, amparándose en el secreto comercial –cuando el sistema es de un proveedor privado– o en razones de seguridad. El informe *Automating Society* de AlgorithmWatch documentó más de cien sistemas de este tipo en dieciséis países europeos, con patrones consistentes de opacidad y ausencia de mecanismos de recurso[205].

Los casos concretos son reveladores. En España, el algoritmo BOSCO determina quién recibe el bono social eléctrico. Durante años el Gobierno se negó a publicar el código fuente hasta que el Tribunal Supremo le ordenó hacerlo en 2025[206]. En los Países Bajos, el sistema SyRI cruzaba datos de varios ministerios para detectar posibles fraudes en prestaciones sociales, sin que los ciudadanos supieran por qué habían sido señalados. Un tribunal lo declaró contrario al Convenio Europeo de Derechos Humanos[207]. Ese mismo país vivió el *toeslagenaffaire*: el algoritmo de la agencia tributaria usaba la nacionalidad como factor de riesgo y clasificó erróneamente a 26.000 familias como defraudadoras, causando embargos, separaciones familiares y, finalmente, la dimisión del gobierno. En Francia, el algoritmo de la Caisse d'Allocations Familiales puntúa mes a mes a 32 millones de personas para detectar fraude en prestaciones; en 2024, quince organizaciones lo impugnaron ante el Consejo de Estado por discriminatorio e inapelable[208].

Lo que estos casos tienen en común no es solo la opacidad: es la ausencia de recurso efectivo para quienes reciben una decisión adversa sin saber por qué. La transparencia no es un lujo técnico; es una condición del Estado de derecho.

Efecto beneficioso

La *E* de FATES es de *Efecto beneficioso* –beneficiencia sentido amplio–: los sistemas de IA deberían ser diseñados para maximizar su impacto positivo en la sociedad. La educación es una dimensión fundamental de este principio, pero no la única: la *sostenibilidad medioambiental*, la *veracidad* y la *diversidad* son igualmente condiciones necesarias para que la IA beneficie genuinamente a todos.

Ya sabemos que el desarrollo tecnológico en general, y de sistemas de Inteligencia Artificial, en particular, conlleva un consumo energético significativo, con impacto negativo en el medio ambiente. Por ello, es cada vez más importante que el desarrollo tecnológico esté alineado con la responsabilidad humana de garantizar las condiciones para la vida en nuestro planeta, y de preservar el medio ambiente para las generaciones futuras. La Inteligencia Artificial será clave a la hora de abordar algunos de los principales retos medioambientales –desde el cambio climático a la fragmentación del hábitat–, así como para desarrollar medios de transporte –coches autónomos eléctricos– y modelos energéticos más eficientes y sostenibles –las *smart grids* o redes eléctricas inteligentes, que optimizan la producción y la distribución de electricidad con herramientas computacionales–.

Asimismo, los algoritmos de personalización y recomendación adolecen con frecuencia de falta de diversidad en sus resultados, y tienden a encasillar a sus usuarios en ciertos patrones de gustos. Esto da lugar a lo que Eli Pariser, co-fundador de la plataforma Avaaz.org, ha denominado el *filtro burbuja*[209]. La diversidad en la personalización o en la recomendación de contenidos es muy deseable para ayudarnos a descubrir películas, libros, música, noticias o amigos diferentes a nuestros propios gustos; nos exponemos así a puntos de vista distintos, y nutrimos una mente abierta.

Un concepto relacionado es el de las *cámaras de eco* –*echo chambers,* en inglés–: las personas, al ser expuestas a contenidos que ratifican y amplifican sus propios puntos de vista, los refuerzan, mientras que, por el contrario, desarrollan desconfianza hacia formas de pensar distintas. Si bien estas cámaras de eco han existido desde hace cientos de años, las redes sociales y la ubicuidad de la tecnología amplifican enormemente su impacto. Hay autores que atribuyen a este fenómeno un peso importante en la victoria del Brexit, en el creciente éxito de Donald Trump o en el auge del movimiento antivacunas.

La *veracidad* es la tercera condición necesaria del principio de beneficiencia. Los sistemas de IA deberían contribuir a un ecosistema informativo más fiable, no menos; sin embargo, la realidad actual es preocupante. La IA generativa ha reducido enormemente el coste de producir contenido falso a gran escala: artículos de noticias fabricados, imágenes manipuladas, vídeos sintéticos –los denominados *deepfakes*– y audios clonados son hoy accesibles para cualquiera con un ordenador y conexión a internet[210]. La investigación en ciencias sociales muestra que las noticias falsas se propagan más rápido y más lejos en las redes sociales que las verdaderas, en parte porque resultan más novedosas y emocionalmente estimulantes[211]. Los algoritmos de recomendación, optimizados para maximizar el compromiso del usuario, pueden amplificar involuntariamente este fenómeno.

Más allá de los contenidos generados por actores malintencionados, los propios modelos de lenguaje presentan el problema de las llamadas *alucinaciones*: la tendencia a generar afirmaciones plausibles pero falsas con total confianza aparente[212]. Cuando estas herramientas se emplean en contextos donde la fiabilidad es crítica (medicina, derecho, educación), este problema se convierte en un riesgo real y documentado. Diseñar sistemas de IA que reconozcan sus propios límites –que sean capaces de decir "no sé" cuando no saben– es uno de los retos técnicos y éticos más importantes del campo. La IA puede también ser parte de la solución: sistemas de detección automática de *deepfakes*, verificación de hechos asistida por IA y herramientas de trazabilidad de contenidos son líneas de investigación activas y prometedoras, aunque la carrera entre la generación y la detección de contenido falso sigue siendo profundamente asimétrica[213].

Abordar estos retos requiere que los sistemas de IA estén diseñados desde el principio para maximizar su efecto beneficioso sobre la sociedad. De ahí la importancia del principio de la beneficiencia.

S de *Seguridad*

El principio de *Seguridad* –en el sentido amplio de *safety* e inocuidad– prevé que los sistemas de IA deberían minimizar el impacto negativo que puedan tener en la sociedad y comportarse de manera fiable, predecible y alineada con los valores humanos incluso en situaciones no previstas. Sus dimensiones clave incluyen la *fiabilidad*, la *reproducibilidad*, la *privacidad*, la *seguridad* técnica de los sistemas y la aplicación del principio de *prudencia*.

La gran mayoría –si no todos– los sistemas, productos y bienes que utilizamos están sujetos a estrictos controles de calidad, seguridad y fiabilidad, para reducir su potencial impacto negativo en la sociedad. Es de esperar que los sistemas de Inteligencia Artificial estén también sujetos a procesos similares. Más allá de los procesos teóricos de seguridad, verificación y fiabilidad, Europa ha creado efectivamente un marco regulatorio integral del uso de la Inteligencia Artificial, así como autoridades de supervisión que en 2018 eran solo una aspiración.

Un sistema autónomo que no protege la integridad de quienes lo utilizan –frente a la manipulación, los ciberataques o el uso abusivo de sus datos– genera riesgos que ninguna actualización posterior puede deshacer completamente. Y sin consistencia en su modo de operar –que su comportamiento sea comprensible y *reproducible* ante los mismos datos de entrada– la confianza es imposible: no podemos fiarnos de lo que no podemos verificar.

Maximizar el impacto positivo de la IA en la sociedad exige replantearse los modelos de propiedad, gestión y regulación de los datos para asegurarse que se preserva la *privacidad*, explorado en detalle en el capítulo anterior. La Regulación General Europea para la Protección de Datos (RGPD) es un ejemplo en esta dirección, estableciendo derechos fundamentales como el de la desconexión tecnológica y el de no ser vigilado, que complementan las obligaciones de transparencia sobre qué datos captan los sistemas y con qué finalidad. Sin embargo, la complejidad a la hora de aplicar esta norma pone de manifiesto cuán difícil es definir e implementar el concepto de propiedad cuando hablamos de un bien intangible, distribuido, variado, creciente, dinámico y replicable infinitas veces a coste prácticamente cero.

La aplicación de la Inteligencia Artificial exige cumplir requisitos estrictos para su desarrollo, tales como garantizar la disponibilidad de datos suficientes –e idealmente de calidad–, el análisis de las hipótesis de trabajo desde diversas perspectivas, y la disponibilidad de recursos –incluyendo personas con formación– para analizar e interpretar los modelos y sus resultados. El principio de la *prudencia* destaca la importancia de considerar en las fases iniciales de diseño de cualquier sistema las diversas alternativas y opciones existentes, para maximizar su impacto positivo y minimizar los potenciales riesgos y consecuencias negativas derivadas de su aplicación.

Finalmente, la *seguridad* de la IA (*AI Safety*, en inglés) tiene como objetivo garantizar que los sistemas más avanzados no causen daños catastróficos o irreversibles. A diferencia de la robustez técnica frente a fallos o ataques, la seguridad de la IA se ocupa de una pregunta más profunda: ¿cómo podemos asegurarnos de que sistemas muy capaces actúan en beneficio de las personas incluso en situaciones no previstas? El problema del alineamiento, descrito en el capítulo anterior, es el núcleo teórico de este desafío.

Hay dos principales respuestas técnicas actuales ante este reto. La primera técnica (llamada RLHF, por sus siglas en inglés) consiste en mostrarle al modelo pares de respuestas y pedirle que aprenda cuál prefieren los humanos —como un aprendiz que mejora recibiendo retroalimentación continua—[214]. Así se entrenó ChatGPT[215]. La segunda, llamada IA constitucional, va un paso más allá[216]: en lugar de esperar la opinión humana para cada respuesta, el modelo aprende a juzgarse a sí mismo comparando lo que ha dicho con una lista de principios escritos de antemano —del mismo modo que un juez aplica la ley sin necesitar que alguien le explique cada caso desde cero—.

Ambos enfoques producen mejoras claras, pero ninguno es infalible. En 2024 se demostró que es posible que un modelo aprenda a comportarse correctamente cuando está siendo evaluado, y a comportarse de forma dañina en cuanto se le despliega en el mundo real —como un empleado que actúa con ejemplaridad ante los supervisores y de forma completamente distinta cuando nadie mira—.

A estos sistemas se les llamó agentes durmientes[217], y su existencia significa que el hecho de que un modelo supere las pruebas de seguridad no garantiza necesariamente que el modelo sea seguro.

Además, surge un reto que no tiene solución técnica. El alineamiento puede hacer que *tu* sistema sea menos peligroso, pero no puede impedir que otra persona construya uno sin esas precauciones. Basta con que un único sistema suficientemente potente opere sin control para que el daño sea enorme, independientemente de lo bien que lo hayan hecho todos los demás. Las mismas herramientas de generación de imagen que sirven para crear arte o ilustración científica ya se usan para fabricar imágenes que desnudan fotografías de mujeres sin su consentimiento. No son accidentes: son aplicaciones construidas a propósito para hacer daño, aprovechando que nadie les exige lo que sí pedimos a los grandes laboratorios.

Y no hay vuelta atrás. Los modelos más capaces llevan años disponibles en repositorios públicos: descargables, modificables, redistribuibles por cualquiera. Las técnicas para eliminar sus salvaguardas o afinarlos con contenido dañino están documentadas en tutoriales accesibles. Y gracias a los agentes de programación descritos en el Capítulo 3, ni siquiera hace falta saber escribir código para usarlos con ese propósito: le describes lo que quieres y el sistema genera los pasos. Lo que antes requería un equipo especializado hoy lo puede hacer una sola persona con un ordenador corriente y tiempo libre. La caja de Pandora lleva tiempo abierta.

Por eso creo que la regulación no es un complemento a las soluciones técnicas: es la única respuesta real que queda. Las normas que tenemos —sobre responsabilidad civil, protección de datos, fraude o acoso— se diseñaron en un mundo donde causar daño a escala masiva exigía también recursos a escala masiva. La IA rompe esa ecuación. Y una normativa concebida sin tener en cuenta el escalado exponencial de estas capacidades no está a la altura del problema: es una regulación de un mundo que ya no existe. Necesitamos marcos jurídicos que anticipen lo que la tecnología hará en cinco años, no que reaccionen a lo que hizo hace cinco.

Desde 2023 han surgido instituciones concretas dedicadas a la seguridad de la Inteligencia Artificial. El Reino Unido estableció el primer Instituto de Seguridad de la IA del mundo (UK AI Safety Institute), dedicado a evaluar los riesgos de los modelos frontera antes de su despliegue; le siguieron rápidamente Estados Unidos, Japón, Corea del Sur y Singapur, coordinándose en una red internacional de evaluaciones conjuntas. Los gigantes tecnológicos que lideran en la creación de modelos de IA –como Anthropic, Google DeepMind, OpenAI– se han comprometido voluntariamente a realizar evaluaciones de seguridad (*red-teaming*) antes de cada despliegue y a no lanzar modelos que superen ciertos umbrales de capacidad sin evaluación previa. Las cumbres internacionales sobre la seguridad de la Inteligencia Artificial de Bletchley Park (2023) y Seúl (2024) reunieron a más de veinte gobiernos para firmar declaraciones de principios sobre IA frontera. Son compromisos voluntarios, con métricas de riesgo aún imprecisas, pero representan la primera arquitectura internacional de gobernanza de la seguridad de la IA.

Los cinco principios de FATES no son una lista de deseos: son las condiciones mínimas sin las cuales la promesa de una IA que beneficia a a la sociedad en su conjunto seguirá siendo exactamente eso, una promesa.

Hemos recorrido en este capítulo las dimensiones colectivas de la respuesta al reto que plantea la IA: la gobernanza, la regulación, los principios éticos, la cooperación internacional y las formas concretas en que la ciudadanía puede exigir y construir una tecnología que beneficie a todos.

En ese contexto, hay cosas concretas que hago, y que cualquier persona puede hacer sin necesidad de saber programar ni de ser experto o experta en Inteligencia Artificial. Uso los sistemas de IA con lo que llamo un *escepticismo productivo*: los consulto, los aprovecho, pero verifico sus respuestas cuando importa, porque he aprendido que su fiabilidad no es proporcional a su acierto. Soy cautelosa con los datos y la información que comparto con cualquier sistema de Inteligencia Artificial. He hablado con mi familia —con mis hijos adolescentes y con personas mayores de mi entorno— sobre los riesgos del fraude con voz clonada, sobre la manipulación sintética y sobre cómo la inmensa mayoría de aplicaciones digitales que utilizamos han sido diseñadas para capturar nuestra atención a cualquier coste. No porque considere que son ingenuos, sino porque ninguno de nosotros tiene intuiciones fiables ante sistemas diseñados específicamente para engañarnos: la sofisticación del ataque supera con creces la guardia natural de cualquier persona, independientemente de su edad o formación. Además, cuando un sistema algorítmico toma una decisión que me afecta –en un servicio público, en mi trabajo, en una plataforma–, pregunto qué datos y criterios utilizó y, si no obtengo una respuesta satisfactoria, lo hago saber. No siempre funciona, pero es, sin duda, mejor que el silencio.

El futuro de la IA no está escrito. Lo están escribiendo ahora mismo investigadoras y empresas, legisladores y ciudadanos, docentes y estudiantes. La IA ya está cambiando nuestra sociedad –eso es observable– pero en qué dirección, con qué velocidad y a beneficio de quién son preguntas abiertas cuya respuesta depende de las decisiones que tomemos colectivamente. No hay una trayectoria inevitable: hay trayectorias que elegimos, consciente o inconscientemente, y trayectorias que podemos redirigir. Y esa elección –sobre la agencia colectiva, no sobre la tecnología– es la que articula las conclusiones.

Conclusiones

Hacia dónde vamos

Como investigadora que ha dedicado décadas al desarrollo de Inteligencia Artificial, vivo la revolución actual de la IA generativa con una mezcla de asombro y responsabilidad. Asombro porque estamos creando herramientas que amplían las capacidades humanas de maneras que hace solo una década parecían ciencia ficción. Responsabilidad porque estas herramientas son profundamente duales: pueden usarse para informar o desinformar, para educar o manipular, para democratizar la creatividad o concentrar el poder.

El auge de la IA generativa es una historia que trasciende la tecnología. Es una historia sobre qué significa ser humano en la era en que las máquinas son cada vez más inteligentes. Sobre cómo preservamos lo que nos hace únicos mientras aprovechamos herramientas que nos amplifican. Sobre cómo construimos sistemas que reflejen no solo nuestras capacidades actuales, sino nuestras mejores aspiraciones.

La pregunta ya no es si la IA transformará nuestra sociedad puesto que ya lo está haciendo. Las preguntas urgentes son otras: ¿Qué tipo de transformación queremos? ¿Quién decide cómo se desarrollan y despliegan estas tecnologías? ¿Cómo aseguramos que sus beneficios se distribuyan equitativamente? ¿Cómo garantizamos la transparencia en sistemas que procesan billones de parámetros? ¿Cómo protegemos los derechos fundamentales en un mundo donde las máquinas pueden generar contenido indistinguible del humano?

Lo que el libro prometió y lo que encontramos

Cuando escribí la primera edición de este libro en 2018, la IA era ya una disciplina transformadora, pero sus capacidades quedaban confinadas en su mayor parte a dominios específicos: jugar al ajedrez o al Go, reconocer imágenes, recomendar películas. Las preguntas que planteaba entonces eran más bien prospectivas: ¿llegarán las máquinas a razonar? ¿A crear? ¿A entendernos?

Ocho años después, algunas de esas preguntas tienen respuestas que en 2018 habrían parecido exageradas. Los grandes modelos de lenguaje mantienen conversaciones fluidas en decenas de idiomas, generan código, redactan artículos, componen música y producen imágenes fotorrealistas. AlphaFold resolvió el problema del plegamiento de proteínas que llevaba décadas resistiendo al ingenio humano. Los sistemas multimodales integran texto, imagen, audio y vídeo de formas que disuelven las fronteras entre modalidades sensoriales.

Pero no todo lo que prometíamos ha llegado, ni lo que ha llegado lo ha hecho como esperábamos. Prometíamos sistemas más justos, y hemos descubierto que los sesgos humanos se amplifican en los modelos de Inteligencia Artificial. Prometíamos una IA explicable, y la complejidad de las redes neuronales profundas ha hecho la interpretabilidad aún más difícil. Prometíamos que la automatización liberaría tiempo para lo creativo, y estamos aprendiendo, con dificultad, que esa transición requiere políticas activas que no habíamos preparado. Y nadie anticipó con claridad la velocidad a la que los grandes modelos de lenguaje pasarían de curiosidad académica a infraestructura global en menos de dos años.

Lo que sí se cumplió –y esto me genera una satisfacción genuina– es que la IA ha entrado en el debate público. La ciudadanía discute sobre sesgos algorítmicos, sobre derechos digitales, sobre el impacto laboral de la automatización, sobre la regulación del uso de una tecnología que impacta nuestro día a día. Eso era exactamente lo que este libro aspiraba a facilitar: que la conversación sobre IA dejara de ser exclusiva de laboratorios de investigación o inversores y se convirtiera en una conversación de todos.

Hay una pregunta que muchas personas me hacen, y que este libro no aborda directamente: ¿es esto otro ciclo de sobre-excitación acerca de la Inteligencia Artificial? ¿Vendrá otro invierno de la IA, como los de 1974 y 1987? Mi respuesta honesta es: en parte, sí. Algunas aplicaciones prometidas no cumplirán las expectativas, algunas valoraciones de empresas no están justificadas, y habrá correcciones. Pero a diferencia de los inviernos anteriores, las capacidades que vimos surgir entre 2022 y 2026 son reales y reproducibles: cualquiera puede verificarlas hoy mismo manteniendo una conversacion con su chatbot favorito. Los logros conseguidos por los modelos de Inteligencia Artificial actuales no desaparecen con la caída de una valoración bursátil. Lo que sí puede –y debe– corregirse es la narrativa de que la IA lo resuelve todo, siempre, para todos. Esa narrativa es excesiva, y en este libro he intentado no alimentarla. Al mismo tiempo, los avances han sido sólidos. Por ello, aunque me preocupa la velocidad, no me arrepiento del entusiasmo.

El mapa que tenemos

No salimos de esta lectura con certezas, pero sí con un mapa. Un mapa no dice dónde estás ni adónde debes ir, pero sí muestra el terreno: qué hay en cada dirección, qué caminos conducen a callejones sin salida, qué rutas son transitables con esfuerzo.

El marco FATES no es una fórmula mágica. Es una brújula que nos orienta: ¿Para quién es justo este sistema? ¿Preserva o erosiona la autonomía de las personas? ¿Podemos confiar en él, y por qué? ¿Genera beneficios reales y distribuidos? ¿Estamos seguros frente a sus fallos y sus usos malintencionados?

Traducir esos principios en práctica exige actuar simultáneamente en varios frentes. En el técnico: invertir en interpretabilidad, en detección y mitigación de sesgos, en arquitecturas más eficientes y sostenibles. En el regulatorio: implementar con seriedad el AI Act europeo, extender sus principios más allá de las fronteras de la Unión y adaptar los marcos legales a una tecnología que no espera a los legisladores. En el educativo: integrar la alfabetización en IA en todos los niveles del sistema escolar, no como asignatura añadida sino como capacidad transversal. En el económico: diseñar políticas de transición laboral que anticipen la disrupción en lugar de reaccionar tarde ante ella. Y en el global: asegurarnos de que las reglas del juego no las escriban solo quienes ya tienen más fichas sobre la mesa.

Nada de esto es fácil. Pero todo ello está, al menos, dentro del radio de acción de las decisiones humanas. La IA no tiene un destino predeterminado. Lo que ocurra con ella –lo bueno y lo malo– dependerá de lo que decidamos, de lo que exijamos, de lo que construyamos juntos.

Desconozco qué nos deparará el futuro y dónde estaremos dentro de veinte años. Pero sí puedo describir cómo me gustaría que fuese.

En primer lugar, deseo que sea un futuro donde la tecnología en general –y la Inteligencia Artificial en particular– forme parte integral de nuestras vidas, donde coexistamos sinérgica y armónicamente con tecnología que nos ayude a vivir más, y sobre todo mejor, a todos. El potencial de la IA es inmenso: no deberíamos desaprovechar esta oportunidad para mejorar la calidad de vida de las personas, del resto de seres vivos y de nuestro planeta. Sin embargo, este futuro del que aspiro a formar parte, y al que quiero contribuir con mi trabajo, no está garantizado. Si queremos convertirlo en realidad debemos afrontar seriamente tanto las limitaciones de los actuales sistemas de Inteligencia Artificial, como los retos que plantean.

En segundo lugar, deseo que las reglas que gobiernan la Inteligencia Artificial las escriban muchas más voces de las que las escriben hoy. En este momento, las decisiones más importantes sobre cómo se desarrolla, despliega y regula la IA las toman un puñado de empresas, dos o tres gobiernos, y una comunidad investigadora que no refleja la diversidad del planeta. Europa ha dado un paso histórico con el Reglamento Europeo de Inteligencia Artificial, pero una regulación nacida en Bruselas no puede por sí sola ser la respuesta para ocho mil millones de personas con culturas, lenguas, necesidades e historias distintas. Mi segundo deseo es que la conversación sobre qué IA queremos sea genuinamente global: que las comunidades del Sur Global participen como autoras, no solo como destinatarias; que los ciudadanos tengan mecanismos reales para exigir cuentas a los sistemas que los afectan; y que la Inteligencia Artificial, como el conocimiento científico en su mejor versión, se construya como un bien común y no como un activo privado.

Finalmente, espero, deseo –y sueño– que cada vez haya más mujeres ingenieras, investigadoras, inventoras, innovadoras en tecnología, que sean excepcionales no en sentido literal –no porque su condición de mujeres las convierte en la excepción–, sino por la brillantez de sus ideas y el impacto de su trabajo.

Las palabras del genial astrofísico Stephen Hawking resuenan con más urgencia que nunca: la IA puede ser lo mejor o lo peor que nos ha sucedido. Durante más de tres décadas he dedicado mi actividad profesional a decantar la balanza hacia el lado bueno. Les invito, llena de esperanza pero consciente de la urgencia, a que se unan a esta causa.

Unirse no requiere ser investigadora ni programadora. Conlleva, en primer lugar, conocer: comprender la tecnología lo suficiente para participar en las decisiones colectivas que nos afectan a todos –y eso es, precisamente, lo que este libro aspira a ofrecer–. Conlleva, en segundo lugar, exigir: como ciudadana y ciudadano, a los representantes políticos que la regulación sea seria y efectiva, a las empresas tecnológicas, transparencia y rendición de cuentas, a las instituciones educativas, que formen a las próximas generaciones no solo en el uso sino en la comprensión crítica de la IA. Y conlleva, en tercer lugar, participar: en los debates públicos sobre la tecnología, en los procesos de consulta ciudadana, en la elección consciente de productos y servicios que respeten los valores que decimos defender. La Inteligencia Artificial es demasiado importante para dejarla exclusivamente en manos de quienes la construyen.

Agradecimientos

Un libro como este no se escribe solo. Es fruto de décadas de estudio, de ideas frustradas, algunas exitosas, de colaboraciones y de personas que, en momentos distintos, confiaron en mí.

Este libro tiene sus raíces en cinco instituciones. En la Universidad Politécnica de Madrid donde descubrí la Inteligencia Artificial. En el MIT donde aprendí a hacer investigación y a imaginar con ambición un futuro donde la tecnología contribuye al progreso. Y en los laboratorios de investigación de Microsoft, Telefónica I+D y Vodafone, donde viví en primera persona cómo la investigación rigurosa puede tener impacto en el mundo real. A los colegas, jefes y mentores que encontré en cada una de estas instituciones, les debo una forma de pensar que subyace en cada página de este libro.

En ELLIS Alicante, la fundación que creamos con la convicción de que es necesario realizar investigación independiente sobre la intersección entre las personas, la sociedad y la IA, he tenido la fortuna de crear y trabajar con un equipo extraordinario. Cada persona que forma o ha formado parte de este proyecto ha contribuido, de una forma u otra, a las ideas que aquí se desarrollan.

Durante la pandemia de COVID-19, tuve el honor y la responsabilidad de liderar el grupo de expertas y expertos que asesoró a la Generalitat Valenciana en el análisis de datos con técnicas de IA para predecir la curva pandémica, la ocupación hospitalaria y el impacto de la pandemia en la vida de la ciudadanía. A los miembros de aquel equipo, y a quienes en la administración tuvieron la valentía de escuchar y actuar, les debo una de las experiencias más intensas e importantes de mi carrera.

La primera edición de este libro, publicada en 2020, no habría existido sin el impulso de mi querida María Ángeles Sallé, directora del ONTSI en ese momento, quien asistió a mi toma de posesión como académica de la Real Academia de Ingeniería y me propuso convertir mi discurso en un libro. Gracias, Maria Ángeles, por tu apoyo incondicional, tu valiosa edición y tu inquebrantable voluntad para publicar el libro que no habría existido sin tu perseverancia. Gracias también por presentarme a Ceci y Lina, las otras dos integrantes de nuestro fascinante y estimulante grupo, "Ellas en ELLIS".

Esta segunda edición, ampliamente revisada y actualizada para reflejar unos avances en Inteligencia Artificial que ninguno de nosotros anticipó en su totalidad, ha contado con la ayuda de dos Victorias, una aportando una lectura crítica y otra editándolo. Los comentarios de ambas han mejorado cada capítulo. Hay también una lectora a quien debo mención especial: Beatriz, lectora fiel tanto de la primera como esta segunda edición, cuyo apoyo, disponibilidad, dedicación, honestidad y entusiasmo son propios de una fan. Gracias por estar siempre ahí.

Pere aceptó escribir el prólogo con la generosidad que le caracteriza. Le agradezco no solo ese gesto, sino años de conversación sobre ciencia, divulgación y la responsabilidad de quienes tenemos la suerte de poder hablar en público sobre estas cosas.

A mis amigos y amigas, que han soportado con afecto mis monólogos sobre Inteligencia Artificial en ocasiones que merecían conversaciones más ligeras. Sois la prueba de que la amistad verdadera sobrevive incluso a una comida en la que alguien saca el tema de las redes neuronales.

Mi gratitud más profunda es para mi familia, empezando por mis padres, que siempre me han apoyado y han creído en mí. Gracias por ser una inspiración y uno de los pilares de mi vida. Gracias por darme alas para explorar y un hogar al que regresar. Gracias por mostrarme, con el ejemplo, lo que es el amor incondicional.

Para Kristof, mi *partner in crime*, cuyo entusiasmo por la tecnología y su paciencia infinita con quien lleva décadas investigándola han sido un recordatorio constante de por qué este libro es importante. Esta segunda edición no existiría sin su insistencia, su apoyo, su intenso trabajo editorial y su incansable empuje para sacarla adelante. Gracias por hacer que la vida sea intensa, divertida y apasionante. Gracias por compartirla conmigo.

Para Matías, Adrián y Sofía, que han crecido escuchando hablar de Inteligencia Artificial y que, a pesar de ello, no han desarrollado una reacción alérgica a la misma. Sois el motor de mi existencia y mi mayor orgullo.

Para Luna, por regalarnos tanta felicidad, por ser fiel compañera y por recordarnos cada día que la inteligencia es mucho más que los grandes modelos de lenguaje.

Finalmente, a todas las mujeres investigadoras, activistas, ingenieras e inventoras que trabajan cada día para que la Inteligencia Artificial sea por y para las personas: este libro es también vuestro.

Nuria Oliver
Alicante, 2026

Glosario

Términos clave de la Inteligencia Artificial

Este glosario recoge los términos técnicos más importantes que aparecen a lo largo del libro.

Agente de IA Sistema de inteligencia artificial capaz de actuar de forma autónoma en el mundo digital. Un agente puede planificar tareas, usar herramientas externas (navegadores, bases de datos, correo electrónico) y ejecutar secuencias de acciones sin supervisión humana constante. *Véase también:* LLM, alineamiento.

Algoritmo Conjunto de instrucciones paso a paso que un ordenador sigue para resolver un problema. Un algoritmo puede ser tan sencillo como una receta de cocina o tan complejo como el sistema que decide qué anuncios vemos en una red social.

Alineamiento El reto de garantizar que un sistema de IA se comporte como pretenden sus creadores. El problema surge porque es muy difícil especificar con precisión matemática los valores humanos: un sistema optimizado para maximizar ventas podría recurrir a publicidad engañosa sin que nadie se lo haya pedido. *Véase también:* agente de IA.

Alucinación Fenómeno por el que un modelo de lenguaje genera con confianza y fluidez información inventada que no es veraz. De hecho, el modelo "no sabe" que se está inventando el contenido. Por ejemplo, un LLM produce la secuencia de palabras más probable según su entrenamiento, aunque esa secuencia no corresponda a ningún hecho real. Es una de las limitaciones más relevantes de los LLMs. *Véase también:* LLM, IA generativa.

Aprendizaje automático (*machine learning*) Rama de la Inteligencia Artificial dentro del acercamiento conexionista o *bottom-up* en la que los modelos aprenden a partir de ejemplos (datos), sin que nadie les programe explícitamente cada regla. En lugar de enseñar al ordenador "si ves orejas puntiagudas y bigotes, es un gato", se le muestran miles de fotos con y sin gatos y el sistema aprende solo los patrones que los distinguen. *Véase también:* aprendizaje profundo, datos de entrenamiento.

Aprendizaje por refuerzo Técnica de aprendizaje automático en la que un sistema aprende mediante ensayo y error: recibe una recompensa cuando acierta y una penalización cuando falla. Es el enfoque que usó AlphaGo para dominar el juego del Go, jugando millones de partidas contra sí mismo.

Aprendizaje profundo (*deep learning*) Tipo de aprendizaje automático que usa redes neuronales con muchas capas de procesamiento (de ahí el nombre de "profundo"). Cada capa aprende representaciones progresivamente más abstractas de los datos: las primeras capas detectan bordes en una imagen; las últimas reconocen caras o objetos completos. Es la base de la mayoría de los sistemas de IA actuales. *Véase también:* red neuronal, retropropagación.

Ataque adversarial Modificación mínima y deliberada en los datos de entrada diseñada para engañar a un sistema de IA. Una imagen de un gato con ciertos píxeles alterados que son invisibles para el ojo humano puede hacer que una red neuronal la clasifique con total confianza como una tostadora. Estos ataques revelan fragilidades estructurales en los modelos actuales.

Big Data Conjuntos de datos tan voluminosos, variados o generados tan rápidamente que no pueden procesarse con herramientas tradicionales. El acceso masivo a *Big Data* —procedente de teléfonos, sensores, redes sociales e internet— ha sido uno de los factores que ha contribuido a la revolución del aprendizaje profundo en la última década.

Capacidades emergentes Habilidades que aparecen de forma inesperada en modelos de IA cuando alcanzan un tamaño suficientemente grande, sin que nadie las haya programado ni previsto. Ejemplos: la capacidad de razonar en cadena o de traducir idiomas que el modelo nunca "vio" explícitamente durante el entrenamiento. Su aparición repentina plantea interrogantes profundos sobre qué ocurre realmente dentro de estos sistemas.

Chatbot Programa informático diseñado para mantener conversaciones con personas mediante texto o voz. Los primeros chatbots seguían reglas fijas; los modernos, como ChatGPT, están basados en grandes modelos de lenguaje y pueden conversar fluidamente sobre prácticamente cualquier tema. *Véase también:* LLM.

Datos de entrenamiento Ejemplos —imágenes, textos, audios, datos numéricos— con los que se enseña a un modelo de aprendizaje automático. Cuando cada ejemplo lleva también la respuesta correcta —una foto de gato etiquetada como "gato"— se habla de *datos anotados*. Obtenerlos requiere trabajo humano a gran escala. La calidad y diversidad de estos datos determina en gran medida la calidad del sistema resultante: si los datos reflejan sesgos históricos, el modelo los aprenderá y amplificará. *Véase también:* sesgo algorítmico, aprendizaje automático.

Deepfake Contenido audiovisual —imagen, vídeo o audio— generado o manipulado por IA para hacer que una persona parezca decir o hacer algo que nunca ocurrió. El término procede de *deep learning* y *fake*. Su uso malintencionado representa una amenaza creciente para la confianza en la evidencia audiovisual y para la democracia.

Enfoque conexionista (*bottom-up*) Una de las dos grandes escuelas de la IA. Propone que los sistemas deben aprender directamente de los datos, igual que los seres vivos aprenden de la experiencia. Las redes neuronales son su herramienta fundamental. Hoy es el enfoque dominante en la práctica. *Véase también:* enfoque simbólico-lógico, red neuronal.

Enfoque simbólico-lógico (*top-down*) La otra gran escuela de la IA. Propone que las máquinas deben razonar siguiendo reglas lógicas explícitas programadas por humanos: primero se define el conocimiento y luego se aplica. Los sistemas expertos son el ejemplo paradigmático. *Véase también:* enfoque conexionista, sistema experto.

Explicabilidad Capacidad de un sistema de IA de justificar sus decisiones de forma comprensible para los humanos. En áreas de alto impacto como son la medicina, la justicia, la contratación laboral o la educación, la opacidad de los modelos de aprendizaje profundo es un problema ético y legal grave. La investigación en explicabilidad busca abrir esa caja negra. *Véase también:* sesgo algorítmico.

GPU (Unidad de Procesamiento Gráfico) Procesador diseñado originalmente para renderizar gráficos en videojuegos, pero reutilizado como motor del aprendizaje profundo porque su arquitectura —miles de núcleos pequeños trabajando en paralelo— es ideal para las operaciones matemáticas masivas que requiere el entrenamiento de redes neuronales. La escasez y el precio de estos procesadores han convertido el acceso al hardware de IA en una cuestión estratégica para empresas, universidades y gobiernos.

IA de frontera Los sistemas de Inteligencia Artificial más avanzados del momento, situados en el límite de lo que es técnicamente posible (del inglés *frontier AI*; también llamada "IA de vanguardia" en algunos documentos oficiales de la UE). Su desarrollo requiere inversiones de centenares de millones de dólares y está concentrado en un pequeño número de empresas y laboratorios en Estados Unidos y China.

IA general Inteligencia Artificial hipotética capaz de realizar cualquier tarea que pueda realizar un ser humano, con igual o mayor competencia y sin limitarse a un dominio concreto. No existe todavía; los sistemas actuales son de *IA específica*, es decir, muy buenos realizando tareas concretas pero incapaces de mostrar la flexibilidad, complejidad y diversidad de inteligencias de los humanos.

IA generativa o de propósito general Sistemas de IA capaces de crear contenidos nuevos: texto, imágenes, música, vídeo, código o estructuras moleculares. A diferencia de los sistemas discriminativos —que clasifican o predicen—, los generativos producen salidas originales a partir de un estímulo o descripción. ChatGPT, DALL-E y Stable Diffusion son ejemplos representativos. *Véase también:* LLM, alucinación.

Inferencia Proceso de usar un modelo ya entrenado para hacer predicciones o generar datos nuevos. Si el entrenamiento es el periodo de aprendizaje de la red, la inferencia es el momento en que se aplica lo aprendido. Por ejemplo, en un modelo que detecta correos no deseados (*spam*), la inferencia correspondería a la determinación por parte del modelo de si un correo electrónico nuevo es o no es no deseado.

Invierno de la IA Periodos históricos de declive drástico en el interés y la financiación de la Inteligencia Artificial, generalmente provocados por la brecha entre las expectativas generadas y los resultados reales. El primero se produjo entre 1974 y 1980 y el segundo, entre 1987 y 1993. El conocimiento de estos ciclos invita a la cautela ante el entusiasmo actual.

Ley de Moore Observación formulada por Gordon Moore en 1965 según la cual el número de transistores en un microprocesador se duplica aproximadamente cada dos años, lo que equivale a doblar la potencia de cálculo a coste constante. Esta tendencia se ha sostenido durante décadas de progreso informático, aunque se aproxima hoy a sus límites físicos.

Leyes del escalado Relación matemática que describe cómo mejora el rendimiento de un modelo de lenguaje de forma predecible al aumentar el número de parámetros, la cantidad de datos de entrenamiento y la potencia de cálculo disponible. Esta regularidad ha impulsado la carrera hacia modelos cada vez más grandes y costosos.

LLM (Gran Modelo de Lenguaje) Del inglés *Large Language Model*. Modelo de Inteligencia Artificial entrenado con cantidades masivas de texto para predecir y generar lenguaje. Los LLMs son la base de sistemas como ChatGPT, Gemini o Claude. Su tamaño se mide en miles de millones de parámetros —los valores numéricos que el modelo aprende durante el entrenamiento. *Véase también:* transformer, alucinación, agente de IA.

Modelo multimodal Sistema de IA capaz de procesar y generar varios tipos de información a la vez: texto, imágenes, audio y vídeo. GPT-4o, Gemini o Claude, por ejemplo, pueden analizar una fotografía y responder preguntas sobre ella en lenguaje natural. La multimodalidad acerca los modelos a la forma en que los humanos percibimos el mundo.

Neurona artificial Unidad computacional básica de una red neuronal, inspirada en las neuronas biológicas del cerebro. Recibe varias entradas numéricas, las combina con unos pesos y produce una salida. Sola, una neurona artificial es trivial. Organizada en capas de millones, genera comportamientos sorprendentemente complejos. *Véase también:* red neuronal.

Parámetros Los valores numéricos que una red neuronal ajusta durante el entrenamiento para aprender a resolver una tarea. Son, en cierto sentido, la "memoria" del modelo. Se estima que GPT-3 tiene 175.000 millones de parámetros y GPT-4, más de un billón (millón de millones). A mayor número de parámetros, mayor capacidad —y mayor coste computacional y energético.

Pensamiento computacional Conjunto de habilidades cognitivas que permiten abordar cualquier problema de forma sistemática y estructurada. No equivale a saber programar: es una forma de razonar aplicable en cualquier disciplina. Se considera una competencia irrenunciable para la ciudadanía del siglo XXI, al margen de la profesión que cada cual ejerza.

Perceptrón El primer modelo de red neuronal artificial, creado por Frank Rosenblatt en 1958. Inspirado en el funcionamiento de una neurona biológica, aprende a clasificar entradas en dos categorías ajustando los pesos de sus conexiones. Sus limitaciones matemáticas, demostradas en 1969, frenaron el desarrollo de las redes neuronales durante más de una década. *Véase también:* red neuronal.

Prueba de Turing Prueba propuesta por el matemático Alan Turing en 1950 para determinar si una máquina puede considerarse inteligente. Un evaluador humano conversa por escrito con un interlocutor sin saber si es humano o máquina; si no puede distinguirlo, la máquina supera la prueba. Sigue siendo una referencia filosófica, aunque hoy se considera una condición necesaria pero no suficiente de inteligencia.

Red neuronal Modelo computacional inspirado en la estructura del cerebro humano, compuesto por capas de neuronas artificiales interconectadas. Aprende ajustando las conexiones entre neuronas a partir de ejemplos. Es la arquitectura subyacente de casi todos los sistemas de IA actuales. *Véase también:* neurona artificial, aprendizaje profundo, retropropagación.

Reglamento Europeo de IA El primer marco normativo vinculante del mundo sobre el uso de la Inteligencia Artificial, aprobado por la Unión Europea en 2024. Clasifica los sistemas de IA según su nivel de riesgo y exige requisitos de transparencia, supervisión humana y documentación proporcionales a ese riesgo. Prohíbe usos peligrosos, como el reconocimiento emocional por parte de las fuerzas del orden o los sistemas de puntuación social. *Véase también:* RGPD.

Retropropagación (*backpropagation*) Algoritmo que permite entrenar redes neuronales. Cuando la red comete un error en su predicción, el algoritmo calcula cuánto ha contribuido cada neurona a ese error y ajusta su peso en consecuencia, propagando la corrección hacia atrás a través de todas las capas. Se repite de manera iterativa durante la fase de entrenamiento hasta que la red aprende a acertar. *Véase también:* red neuronal, aprendizaje profundo.

RGPD (Reglamento General de Protección de Datos) (En inglés, GDPR.) Regulación europea en vigor desde 2018 que establece los derechos de los ciudadanos sobre sus datos personales y las obligaciones de las organizaciones que los tratan. Fue el primer gran marco normativo de datos con alcance global efectivo, anticipando muchos de los debates que plantea hoy la IA. *Véase también:* Reglamento Europeo de IA.

Sesgo algorítmico Error sistemático en las predicciones de un sistema de IA causado por sesgos presentes en los datos de entrenamiento o en el diseño del modelo. Si un sistema de selección de personal se entrena con decisiones históricas que beneficiaban a hombres blancos, aprenderá a favorecer a ese perfil, perpetuando y amplificando la discriminación. *Véase también:* datos de entrenamiento, explicabilidad.

Sistema de recomendación Sistemas formados por algoritmos de filtrado de información que predicen las preferencias de un usuario para ofrecerles los contenidos, productos o servicios que más le interesan. Su objetivo es personalizar la experiencia, analizando datos previos para automáticamente seleccionar, de entre un catálogo enorme de posibilidades, solo aquello que tiene alta probabilidad de ser aceptado por el usuario. Estos sistemas están en el corazón de servicios como Amazon, Netflix, Spotify o las redes sociales.

Sistema experto Uno de los primeros sistemas de IA comerciales (años 60–80), basado en el enfoque simbólico-lógico. Codifica en forma de reglas explícitas el conocimiento de un experto humano en un dominio concreto —química, medicina, derecho— para que el ordenador pueda razonar sobre ese dominio. Su principal limitación era la dificultad de capturar todo el conocimiento necesario y de adaptarse a situaciones imprevistas. *Véase también:* enfoque simbólico-lógico.

Transformer Arquitectura de red neuronal introducida por Google en 2017 que revolucionó el procesamiento del lenguaje natural y se convirtió en la base de todos los grandes modelos de lenguaje actuales. Su innovación clave es el mecanismo de atención, que permite al modelo relacionar palabras distantes en un texto con gran precisión. *Véase también:* LLM, red neuronal.

Referencias

[1] Nuria Oliver et al. «LAFTER: A Real-time Face and Lips Tracker with Facial Expression Recognition». En: *Pattern Recognition* 33 (2000), págs. 1369-1382. URL: https://www.sciencedirect.com/science/article/abs/pii/S0031320399001132.

[2] Nuria Oliver et al. «Layered representations for human activity recognition». En: *Proceedings. Fourth IEEE International Conference on Multimodal Interfaces*. Pittsburgh, PA, USA, 2002, págs. 3-8. URL: https://ieeexplore.ieee.org/document/1166960.

[3] Nuria M. Oliver et al. «A Bayesian computer vision system for modeling human interactions». En: *IEEE Transactions on Pattern Analysis and Machine Intelligence* 22.8 (2000), págs. 831-843. URL: https://ieeexplore.ieee.org/document/868684/.

[4] Nuria Oliver et al. «Graphical models for driver behavior recognition in a SmartCar». En: *Proceedings Volume 4023, Enhanced and Synthetic Vision 2000*. AeroSense 2000. Orlando, FL, United States, 2000. URL: https://www.spiedigitallibrary.org/conference-proceedings-of-spie/4023/1/Driver-behavior-recognition-and-prediction-in-a-SmartCar/10.1117/12.389351.short.

[5] Nuria Oliver et al. «HealthGear: A Real-time Wearable System for Monitoring and Analyzing Physiological Signals». En: *International Workshop on Wearable and Implantable Body Sensor Networks (BSN'06)*. Cambridge, MA, USA, 2006. URL: https://ieeexplore.ieee.org/document/1612896/.

[6] Jose San Pedro et al. «MobiScore: towards universal credit scoring from mobile phone data,» en: *Proceedings of the 23rd International Conference on User Modeling, Adaptation, and Personalization (UMAP 2015)*. 2015.

[7] Andrey Bogomolov et al. «Once upon a crime: towards crime prediction from demographics and mobile data». En: *Proceedings of the 16th ACM International Conference on Multimodal Interaction (ICMI 2014)*. 2014.

[8] Martin Pielot et al. «When attention is not scarce-detecting boredom from mobile phone usage». En: *Proceedings of the 2015 ACM International Joint Conference on Pervasive and Ubiquitous Computing (UbiComp 2015)*. 2015.

[9] Rodrigo de Oliveira et al. «MoviPill: improving medication compliance for elders using a mobile persuasive social game». En: *Proceedings of the 12th ACM International Conference on Ubiquitous Computing (UbiComp 2010)*. 2010.

[10] Nuria Oliver et al. «MPTrain: a mobile, music and physiology-based personal trainer». En: *Proceedings of the 8th International Conference on Human-Computer Interaction with Mobile Devices and Services (MobileHCI 2006)*. 2006.

[11] Nuria Oliver et al. «Mobile phone data for informing public health actions across the COVID-19 pandemic life cycle». En: *Science Advances* (2020).

[12] David Pastor-Escuredo et al. «Flooding through the lens of mobile phone activity». En: *2014 IEEE Global Humanitarian Technology Conference (GHTC 2014)*. 2014.

[13] Floyd Jessica R. et al. «Malaria parasite mobility in Mozambique estimated using mobile phone records». En: *Frontiers in Artificial Intelligence and Applications*. IOS Press, 2020, págs. 2901-2902. URL: https://ebooks.iospress.nl/publication/55239.

[14] Agathe Gulati et al. «Beauty and the Bias: Exploring the Impact of Attractiveness on Multimodal Large Language Models». En: *Eighth AAAI/ACM Conference on AI, Ethics and Society (AIES)*. Madrid, Spain, 2025.

[15] Erik Derner et al. «Gender Representation Bias Analysis in LLM-Generated Czech and Slovenian Texts». En: *10th Workshop on Slavic Natural Language Processing (Slavic NLP 2025), ACL 2025*. Vienna, Austria, 2025.

[16] Adrián Arnaiz-Rodríguez et al. «Structural Group Unfairness: Measurement and Mitigation by means of the Effective Resistance». En: *International AAAI Conference on Web and Social Media (ICWSM)*. Copenhagen, Denmark, 2025.

[17] Agathe Gulati et al. «What is Beautiful is Still Good: The Attractiveness Halo Effect in the era of Beauty Filters». En: *Royal Society Open Science* 11.11 (2024).

[18] David E. Rumelhart et al. «Learning representations by back-propagating errors». En: *Nature* 323.6088 (1986), págs. 533-536. URL: https://www.nature.com/articles/323533a0.

[19] Yann LeCun et al. «Deep learning». En: *Nature* 521.7553 (2015), págs. 436-444. URL: https://www.nature.com/articles/nature14539.

[20] IBM Deep Blue vs. Garry Kasparov. *IBM Deep Blue vs. Garry Kasparov, 11 de mayo de 19*. 1997. URL: https://www.history.com/this-day-in-history/may-11/deep-blue-defeats-garry-kasparov-in-chess-match.

[21] Stanford Racing Team's autonomous vehicle "Stanley" ganó el DARPA Grand Challenge 2005. *Stanford Racing Team's autonomous vehicle "Stanle*. 2005. URL: https://www.smithsonianmag.com/smithsonian-institution/how-a-blue-suv-named-stanley-revolutionized-driverless-car-technology-180984882/.

[22] IBM. *IBM Watson defeats Jeopardy! champions*. 2011. URL: https://money.cnn.com/2011/01/13/technology/ibm_jeopardy_watson/index.htm.

[23] DeepMind. *AlphaGo defeats Lee Sedol*. 2016. URL: https://www.nature.com/articles/529445a.

[24] Ashish Vaswani et al. «Attention is all you need». En: *Advances in Neural Information Processing Systems*. Vol. 30. 2017, págs. 5998-6008. URL: https://proceedings.neurips.cc/paper_files/paper/2017/hash/3f5ee243547dee91fbd053c1c4a845aa-Abstract.html.

[25] Tom Brown et al. «Language Models are Few-Shot Learners». En: *Advances in Neural Information Processing Systems* 33 (2020), págs. 1877-1901. URL: https://proceedings.neurips.cc/paper/2020/hash/1457c0d6bfcb4967418bfb8ac142f64a-Abstract.html.

[26] «DALL-E 2, Stable Diffusion, Midjourney: How do AI art generators work, and should artists fear them?» En: *Euronews* (dic. de 2022). URL: https://www.euronews.com/next/2022/12/30/dalle-2-stable-diffusion-midjourney-how-do-ai-art-generators-work-and-should-artists-fear-.

[27] OpenAI. *Learning to Reason with LLMs*. 2024. URL: https://openai.com/o1/.

[28] OpenAI. *GPT-o1 System Card*. Inf. téc. OpenAI, 2024. URL: https://openai.com/index/openai-o1-system-card/.

[29] Jason Wei et al. «Chain-of-Thought Prompting Elicits Reasoning in Large Language Models». En: *Advances in Neural Information Processing Systems* 35 (2022). arXiv: 2201.11903. URL: https://proceedings.neurips.cc/paper_files/paper/2022/hash/9d5609613524ecf4f15af0f7b31abca4-Abstract-Conference.html.

[30] Alec Radford et al. *Improving language understanding by generative pre-trained Transformer*. Inf. téc. OpenAI, 2018. URL: https://cdn.openai.com/research-covers/language-unsupervised/language_understanding_paper.pdf.

[31] Alec Radford et al. *Language models are unsupervised multitask learners*. Inf. téc. OpenAI, 2019. URL: https://openai.com/index/better-language-models/.

[32] OpenAI. *GPT-4 Technical Report*. Technical Report. OpenAI, mar. de 2023. URL: https://arxiv.org/abs/2303.08774.

[33] «Why ChatGPT Is the Fastest Growing Web Platform Ever». En: *TIME Magazine* (feb. de 2023). URL: https://time.com/6253615/chatgpt-fastest-growing/.

[34] «ChatGPT is the fastest-growing web app in history». En: *The Register* (feb. de 2023). URL: https://www.theregister.com/2023/02/03/chatgpt_most_popular_apps/.

[35] David Edgerton. *The Shock of the Old: Technology and Global History since 1900*. Profile Books, 2006. URL: https://www.profilebooks.com/work/the-shock-of-the-old/.

[36] Jared Kaplan et al. «Scaling Laws for Neural Language Models». En: *arXiv preprint arXiv:2001.08361* (2020). URL: https://arxiv.org/abs/2001.08361.

[37] Jordan Hoffmann et al. «Training Compute-Optimal Large Language Models». En: *Advances in Neural Information Processing Systems* 35 (2022). URL: https://proceedings.neurips.cc/paper_files/paper/2022/hash/c1e2faff6f588870935f114ebe04a3e5-Abstract-Conference.html.

[38] Jason Wei et al. «Emergent Abilities of Large Language Models». En: *Transactions on Machine Learning Research* (2022). URL: https://openreview.net/forum?id=yzkSU5zdwD.

[39] «Alibaba opens AI model Tongyi Qianwen to public in competition with Baidu, Tencent and other Chinese Big Tech firms». En: *South China Morning Post* (2023). URL: https://www.scmp.com/tech/big-tech/article/3234385/alibaba-opens-ai-model-tongyi-qianwen-public-competition-baidu-tencent-and-other-chinese-big-tech.

[40] «OpenAI spent $80M to $100M training GPT-4». En: *TechRadar* (2023). URL: https://www.techradar.com/pro/openai-spent-usd80m-to-usd100m-training-gpt-4-chinese-firm-claims-it-trained-its-rival-ai-model-for-usd3-million-using-just-2-000-gpus.

[41] IoT Analytics. «Data Center infrastructure market: AI-driven CapEx pushing IT and facility equipment spending toward $1 trillion by 2030». En: (2024). URL: https://iot-analytics.com/data-center-infrastructure-market/.

[42] Federal Highway Administration. *The Golden Fleece Why Was The $27 Billion Estimate So Wrong?* Technical Report. Federal Highway Administration (FHWA), 1996. URL: https://www.fhwa.dot.gov/infrastructure/50estimate.cfm.

[43] «The Best $500 Billion the United States Has Ever Spent». En: *The Motley Fool* (2013). URL: https://www.fool.com/investing/general/2013/06/29/the-best-500-billion-the-united-states-has-ever-sp.aspx.

[44] «Lifespan of AI Chips: The $300 Billion Question». En: *CITP Blog* (oct. de 2025). URL: https://blog.citp.princeton.edu/2025/10/15/lifespan-of-ai-chips-the-300-billion-question/.

[45] «Datacenter GPU service life can be surprisingly short—only one to three years is expected according to unnamed Google architect». En: *Tom's Hardware* (2025). URL: https://www.tomshardware.com/pc-components/gpus/datacenter-gpu-service-life-can-be-surprisingly-short-only-one-to-three-years-is-expected-according-to-unnamed-google-architect.

[46] «OpenAI launches Sora, a text-to-video AI generator». En: *Washington Post* (feb. de 2024). URL: https://www.washingtonpost.com/technology/2024/02/15/openai-sora-artificial-intelligence-videos/.

[47] «OpenAI releases Sora, its buzzy AI video-generation tool». En: *CNBC* (dic. de 2024). URL: https://www.cnbc.com/2024/12/09/openai-releases-sora-its-buzzy-ai-video-generation-tool.html.

[48] «How AI Company ElevenLabs Fueled the Deepfake Audio Boom». En: *Bloomberg* (feb. de 2024). URL: https://www.bloomberg.com/news/newsletters/2024-02-21/how-ai-company-elevenlabs-fueled-the-deepfake-audio-boom.

[49] «Artificial intelligence makes voice cloning easy». En: *Fortune* (feb. de 2023). URL: https://fortune.com/2023/02/11/artificial-intelligence-makes-voice-cloning-easy-and-the-monster-is-already-on-the-loose/.

[50] Meta AI. *AudioCraft: MusicGen, AudioGen, and EnCodec*. Jun. de 2023. URL: https://ai.meta.com/blog/audiocraft-musicgen-audiogen-encodec-generative-ai-audio/.

[51] Lilian Weng. «LLM Powered Autonomous Agents». En: *Lil'Log blog* (jun. de 2023). URL: https://lilianweng.github.io/posts/2023-06-23-agent/.

[52] Anthropic. *Introducing computer use, a new Claude 3.5 Sonnet, and Claude 3.5 Haiku*. 2024. URL: https://www.anthropic.com/news/3-5-models-and-computer-use.

[53] Master of Code. *AI in Customer Service Statistics*. 2026. URL: https://masterofcode.com/blog/ai-in-customer-service-statistics.

[54] Victoria Krakovna et al. *Specification gaming: the flip side of AI ingenuity*. 2020. URL: https://deepmind.google/blog/specification-gaming-the-flip-side-of-ai-ingenuity/.

[55] Stuart J. Russell. *Human Compatible: Artificial Intelligence and the Problem of Control*. Viking, 2019. ISBN: 978-0-525-55861-3. URL: https://people.eecs.berkeley.edu/~russell/hc.html.

[56] Iason Gabriel. «Artificial Intelligence, Values, and Alignment». En: *Minds and Machines* 30 (2020), págs. 411-437. URL: https://link.springer.com/article/10.1007/s11023-020-09539-2.

[57] Royal Swedish Academy of Sciences. *The Nobel Prize in Physics 2024: Geoffrey Hinton and John Hopfield*. 2024. URL: https://www.nobelprize.org/prizes/physics/2024/.

[58] John Jumper et al. «Highly Accurate Protein Structure Prediction with AlphaFold». En: *Nature* 596.7873 (2021), págs. 583-589. URL: https://doi.org/10.1038/s41586-021-03819-2.

[59] Kathryn Tunyasuvunakool et al. «Highly accurate protein structure prediction for the human proteome». En: *Nature* 596 (2021), págs. 590-596. URL: https://www.nature.com/articles/s41586-021-03828-1.

[60] Thomas C. Terwilliger et al. «AlphaFold predictions are valuable hypotheses and accelerate but do not replace experimental structure determination». En: *Nature Methods* 21.1 (2023), págs. 110-116. URL: https://www.nature.com/articles/s41592-023-02087-4.

[61] Daniil A. Boiko et al. «Autonomous chemical research with large language models». En: *Nature* 624.7992 (2023), págs. 570-578. URL: https://www.nature.com/articles/s41586-023-06792-0.

[62] Various. *Los procesadores especializados para machine learn*. 2023. URL: https://spectrum.ieee.org/ai-training-2669810566.

[63] Bureau of Industry et al. *Export Controls on Advanced Computing and Semiconductor Manufacturing Items to the People's Republic of China*. 2023. URL: https://www.federalregister.gov/documents/2023/10/25/2023-23055/implementation-of-additional-export-controls-certain-advanced-computing-items-supercomputer-and.

[64] Emma Strubell et al. «Energy and Policy Considerations for Deep Learning in NLP». En: *Proceedings of the 57th Annual Meeting of the Association for Computational Linguistics (ACL)* (2019).

[65] David Patterson et al. «The Carbon Footprint of Machine Learning Training Will Plateau, Then Shrink». En: *IEEE Micro* (2022).

[66] Kasper Groes Albin Ludvigsen. «The Carbon Footprint of GPT-4». En: *Towards Data Science / Medium* (2025). URL: https://medium.com/data-science/the-carbon-footprint-of-gpt-4-d6c676eb21ae.

[67] Earth.Org. *The Environmental Impact of ChatGPT*. 2025. URL: https://earth.org/environmental-impact-chatgpt/.

[68] *Data Centers Won't Stop The Labor Market Slowdown: November 2025 Race, Jobs and Economy Update*. Informe. National Community Reinvestment Coalition, 2025. URL: https://ncrc.org/data-centers-wont-stop-the-labor-market-slowdown-november-2025-race-jobs-and-economy-update/.

[69] *The people challenge: Global data center staffing forecast 2021-2025*. Informe. Uptime Institute, 2024. URL: https://intelligence.uptimeinstitute.com/resource/people-challenge-global-data-center-staffing-forecast-2021-2025.

[70] *2024 United States Data Center Energy Usage Report*. Informe Técnico. Lawrence Berkeley National Laboratory, 2024. URL: https://eta-publications.lbl.gov/sites/default/files/2024-12/lbnl-2024-united-states-data-center-energy-usage-report_1.pdf.

[71] Shaolei Ren. *AI, data centers, and water*. Informe. Brookings Institution, 2024. URL: https://www.brookings.edu/articles/ai-data-centers-and-water/.

[72] Pengfei Li et al. «The water use of data center workloads: A review and assessment of key determinants». En: *Resources, Conservation and Recycling* (abr. de 2025). URL: https://www.sciencedirect.com/science/article/abs/pii/S0921344925001892.

[73] Anton Shilov. *Datacenter GPU service life can be surprisingly short—only one to three years is expected according to unnamed Google architect*. 2024. URL: https://www.tomshardware.com/pc-components/gpus/datacenter-gpu-service-life-can-be-surprisingly-short-only-one-to-three-years-is-expected-according-to-unnamed-google-architect.

[74] *Re-use, refurb, recycle: Circular economy thinking and data center IT assets*. Informe. Data Center Dynamics, 2024. URL: https://www.datacenterdynamics.com/en/analysis/re-use-refurb-recycle-circular-economy-thinking-and-data-center-it-assets/.

[75] Sébastien Bubeck et al. *Sparks of Artificial General Intelligence: Early experiments with GPT-4*. Technical Report. Microsoft Research, 2023. URL: https://arxiv.org/abs/2303.12712.

[76] François Chollet. «On the Measure of Intelligence». En: *arXiv preprint* (2019). URL: https://arxiv.org/abs/1911.01547.

[77] Nick Bostrom. *Superintelligence: Paths, Dangers, Strategies*. Oxford, UK: Oxford University Press, 2014. ISBN: 9780199678112. URL: https://global.oup.com/academic/product/superintelligence-9780199678112.

[78] Dario Amodei. *Machines of Loving Grace: How AI Could Transform the World for the Better*. 2024. URL: https://www.darioamodei.com/essay/machines-of-loving-grace.

[79] Cade Metz. «The Godfather of A.I. Leaves Google and Warns of Danger Ahead». En: *The New York Times* (2023). URL: https://www.nytimes.com/2023/05/01/technology/ai-google-chatbot-engineer-quits-hinton.html.

[80] J. Hawkins. «What intelligent machines need to learn from the neocortex». En: *IEEE Spectrum* 54.6 (2017), págs. 34-71. URL: https://ieeexplore.ieee.org/document/7934229/.

[81] Bruno A. Olshausen et al. «Emergence of simple-cell receptive field properties by learning a sparse code for natural images». En: *Nature* 381.6583 (1996), págs. 607-609. URL: https://www.nature.com/articles/381607a0.

[82] Melanie Mitchell et al. «The Debate Over Understanding in AI's Large Language Models». En: *Proceedings of the National Academy of Sciences* (2023). URL: https://doi.org/10.1073/pnas.2215907120.

[83] Bernhard Schölkopf et al. «Toward Causal Representation Learning». En: *Proceedings of the IEEE* (2021). URL: https://doi.org/10.1109/JPROC.2021.3058954.

[84] *OECD AI Principles: Overview and Implementation*. Informe de Política. OECD, 2024. URL: https://oecd.ai/en/ai-principles.

[85] *New Generation Artificial Intelligence Development Plan*. Plan Nacional de IA. State Council of the People's Republic of China, 2017. URL: https://digichina.stanford.edu/work/full-translation-chinas-new-generation-artificial-intelligence-development-plan-2017/.

[86] *White Paper on Artificial Intelligence - A European approach to excellence and trust*. Libro Blanco. European Commission, 2020. URL: https://commission.europa.eu/system/files/2020-02/commission-white-paper-artificial-intelligence-feb2020_en.pdf.

[87] *A European strategy for data*. Estrategia de Datos. European Commission, 2020. URL: https://digital-strategy.ec.europa.eu/en/policies/strategy-data.

[88] *Expert Group on Business-to-Government Data Sharing*. Informe de Grupo de Expertos. European Commission, 2019. URL: https://wayback.archive-it.org/12090/*/https://ec.europa.eu/digital-single-market/en/news/meetings-expert-group-business-government-data-sharing.

[89] *Proposal for a Regulation laying down harmonised rules on artificial intelligence (Artificial Intelligence Act).* Propuesta de Reglamento. Comisión Europea, 2021. URL: https://artificialintelligenceact.eu/the-act/.

[90] *Regulation (EU) 2024/1689 on artificial intelligence (AI Act).* Reglamento. Parlamento Europeo y Consejo de la Unión Europea, 2024. URL: https://eur-lex.europa.eu/legal-content/EN/TXT/?uri=CELEX:32024R1689.

[91] *AI Strategy*. Estrategia Nacional de IA. Gobierno Federal de Alemania, 2018. URL: https://ai-watch.ec.europa.eu/countries/germany/germany-ai-strategy-report_en.

[92] *France AI Strategy 2025*. Estrategia Nacional de IA. Gobierno de Francia, 2025. URL: https://www.elysee.fr/en/emmanuel-macron/2025/02/11/make-france-an-ai-powerhouse.

[93] *EU Artificial Intelligence Ambition*. Special Report. European Court of Auditors, 2024. URL: https://www.eca.europa.eu/en/publications/sr-2024-08.

[94] *Recommendation of the Council on Artificial Intelligence*. Recomendación. OECD, 2019. URL: https://legalinstruments.oecd.org/en/instruments/OECD-LEGAL-0449.

[95] *Estrategia Nacional de Inteligencia Artificial*. Estrategia Nacional de IA. Gobierno de España, 2020. URL: https://www.lamoncloa.gob.es/presidente/actividades/Paginas/2020/021220-sanchezenia.aspx.

[96] *Estrategia de Inteligencia Artificial 2024*. Estrategia Nacional de IA. Gobierno de España, 2024. URL: https://www.lamoncloa.gob.es/lang/en/gobierno/councilministers/paginas/2024/20240514-council-press-conference.aspx.

[97] *China's AI Compute and Semiconductor Landscape*. Informe. CSET (Center for Security y Emerging Technology), 2024. URL: https://cset.georgetown.edu/topic/china/.

[98] *Final Report*. Informe Final. National Security Commission on Artificial Intelligence, 2021. URL: https://irp.fas.org/offdocs/ai-commission.pdf.

[99] IDC (International Data Corporation). *IDC Predicts AI Solutions & Services will Generate Global Impact of* $22{,}3 Trillion by 2030$. IDC, 2025. URL: https://www.businesswire.com/news/home/20250401184356/en/IDC-Predicts-AI-Solutions-Services-will-Generate-Global-Impact-of-22.3-Trillion-by-2030.

[100] Daron Acemoglu. *The Simple Macroeconomics of AI*. National Bureau of Economic Research, 2024. URL: https://www.nber.org/papers/w32487.

[101] *European AI Startup Ecosystem 2024*. Informe de Mercado. Dealroom, 2024. URL: https://dealroom.co/reports/european-ai-2024.

[102] *AI Index Report 2024*. Índice de IA. Stanford University Human-Centered AI (HAI), 2024. URL: https://aiindex.stanford.edu/report/.

[103] *State of Generative AI 2024*. Informe de Mercado. CB Insights, 2024. URL: https://www.cbinsights.com/research/report/ai-trends-2024/.

[104] *AI Venture Capital Report 2024*. Informe de Mercado. PitchBook, 2024. URL: https://pitchbook.com/news/reports/q4-2024-ai-venture-capital-report.

[105] Mary L. Gray et al. *Ghost Work: How to Stop Silicon Valley from Building a New Global Underclass*. Houghton Mifflin Harcourt, 2019. URL: https://ghostwork.info.

[106] Mark Purdy et al. *Why Artificial Intelligence is the Future of Growth*. Inf. téc. Accenture; Frontier Economics, 2016. URL: https://www.accenture.com/t20170524T055435__w__/us-en/_acnmedia/PDF-52/Accenture-Why-AI-Is-the-Future-of-Growth.pdf.

[107] Yoshua Bengio et al. «Managing Extreme AI Risks amid Rapid Progress». En: *Science* (2024). URL: https://www.science.org/doi/10.1126/science.adn0117.

[108] David H. Autor. «Why Are There Still So Many Jobs? The History and Future of Workplace Automation». En: *Journal of Economic Perspectives* 29.3 (2015), págs. 3-30. URL: https://www.aeaweb.org/articles?id=10.1257/jep.29.3.3.

[109] *Gen-AI: Artificial Intelligence and the Future of Work*. Documento de Trabajo. International Monetary Fund (IMF), 2024. URL: https://www.imf.org/en/Publications/Staff-Discussion-Notes/Issues/2024/01/14/Gen-AI-Artificial-Intelligence-and-the-Future-of-Work-542379.

[110] Carl Benedikt Frey et al. «The Future of Employment: How Susceptible Are Jobs to Computerisation?» En: *Technological Forecasting and Social Change* (2017). URL: https://www.sciencedirect.com/science/article/abs/pii/S0040162516302244.

[111] Sida Peng et al. *The Impact of AI on Developer Productivity: Evidence from GitHub Copilot*. Technical Report. GitHub / Microsoft Research, 2023. arXiv: 2302.06590. URL: https://arxiv.org/abs/2302.06590.

[112] Fabrizio Dell'Acqua et al. «Navigating the Jagged Technological Frontier: Field Experimental Evidence of the Effects of AI on Knowledge Worker Productivity and Quality». En: *SSRN Electronic Journal* 24-013 (2023). URL: https://papers.ssrn.com/sol3/papers.cfm?abstract_id=4573321.

[113] Valerie Chen et al. «Need Help? Designing Proactive AI Assistants for Programming». En: *Proceedings of the 2025 CHI Conference on Human Factors in Computing Systems*. ACM, 2025.

[114] Eric Zhou et al. «Generative artificial intelligence, human creativity, and art». En: *PNAS Nexus* (2024).

[115] CISAC et al. *Study on the Economic Impact of Generative AI in the Music and Audiovisual Industries*. Inf. téc. International Confederation of Societies of Authors y Composers (CISAC), 2024. URL: https://www.cisac.org/services/reports-and-research/cisacpmp-strategy-ai-study.

[116] *Technology, jobs, and the future of work*. Informe. McKinsey & Company, 2017. URL: https://www.mckinsey.com/featured-insights/employment-and-growth/technology-jobs-and-the-future-of-work.

[117] *Future of Jobs Report 2025*. Informe. World Economic Forum, 2025. URL: https://www.weforum.org/publications/the-future-of-jobs-report-2025/.

[118] Márton Kiss. *Digital skills in the EU labour market: In-depth analysis*. In-Depth Analysis. European Parliament Research Service, 2016. URL: https://op.europa.eu/en/publication-detail/-/publication/cb9ff359-e2c9-11e6-ad7c-01aa75ed71a1/language-en.

[119] Hamsa Bastani et al. «Generative AI without guardrails can harm learning: Evidence from high school mathematics». En: (2025). URL: https://ssrn.com/abstract=4895486.

[120] James Finnie-Ansley et al. «The Robots Are Coming: Exploring the Implications of OpenAI Codex on Introductory Programming». En: *Proceedings of the 24th Australasian Computing Education Conference*. Virtual Event, Australia: ACM, 2022, págs. 10-19.

[121] Fabio Chiusi. *The Automated Fortress Europe: No Place For Human Rights*. Informe. AlgorithmWatch, mayo de 2024. URL: https://algorithmwatch.org/en/automation-on-the-move/.

[122] Tyna Eloundou et al. «GPTs are GPTs: Labor market impact potential of LLMs». En: *Science* 384.6702 (2024), págs. 1306-1308. arXiv: 2303.10130. URL: https://www.science.org/doi/10.1126/science.adj0998.

[123] Yuval Noah Harari. *21 Lessons for the 21st Century*. New York: Spiegel & Grau, 2018. ISBN: 9780525512172. URL: https://www.ynharari.com/book/21-lessons-book/.

[124] S. Lluna y J. Pedreira. *Los nativos digitales no existen*. 2017. URL: https://elpais.com/elpais/2017/10/09/ciencia/1507549194_029147.html.

[125] *Pew Research Center (2023): 95 % de adolescentes* e. Encuesta. Pew Research Center, 2023. URL: https://www.pewresearch.org/internet/2023/12/11/teens-social-media-and-technology-2023/.

[126] *EU Kids Online*. 2020. URL: http://globalkidsonline.net/eu-kids-online/.

[127] *Percepción Social de la Ciencia y la Tecnología en España*. Encuesta. FECYT (Fundación Española para la Ciencia y la Tecnología), 2020. URL: https://www.fecyt.es/lo-que-hacemos/cultura-cientifica/estudios-percepcion-social-de-la-ciencia.

[128] Wing. «Computational Thinking». En: (2006). URL: https://www.cs.cmu.edu/~15110-s13/Wing06-ct.pdf.

[129] *Computational Thinking in Compulsory Education: State of Play in Europe*. Informe Técnico. European Commission Joint Research Centre (JRC), 2022.

[130] *Implementación y formación del profesorado de educación primaria en pensamiento computacional: una revisión sistemática*. Informe. Code.org, 2023. URL: https://doi.org/10.5944/ried.27.1.37572.

[131] Duri Long et al. «What is AI Literacy? Competencies and Design Considerations». En: *Proceedings of the 2020 CHI Conference on Human Factors in Computing Systems*. 2020, págs. 1-16. URL: https://dl.acm.org/doi/10.1145/3313831.3376727.

[132] David S. Touretzky et al. «Envisioning AI for K-12: What Should Every Child Know about AI?» En: *Proceedings of the AAAI Conference on Artificial Intelligence*. Vol. 33. 2019, págs. 9795-9799. URL: https://ojs.aaai.org/index.php/AAAI/article/view/5053.

[133] *AI Competency Framework for Teachers*. Marco de Competencias. UNESCO, 2023. URL: https://www.unesco.org/en/articles/ai-competency-framework-teachers.

[134] MinnaLearn. *Elements of AI has introduced one million people to the basics of artificial intelligence*. 2023. URL: https://www.minnalearn.com/2023/05/elements-of-ai-has-introduced-one-million-people-to-the-basics-of-artificial-intelligence/.

[135] Xiaojun Chen et al. «Analyzing K-12 AI education: A large language model study of classroom instruction on learning theories, pedagogy, tools, and AI literacy». En: *Computers and Education: Artificial Intelligence* (2024).

[136] Julian Fraillon et al. *ICILS 2018 International Report*. Informe. International Association for the Evaluation of Educational Achievement (IEA), 2020. URL: https://www.iea.nl/publications/study-reports/international-reports-iea-studies/preparing-life-digital-world.

[137] *PISA 2022 Results - Creative Thinking*. Informe PISA. OECD, 2023. URL: https://www.oecd.org/pisa/publications/pisa-2022-results.htm.

[138] Sam Wineburg et al. «Lateral Reading and the Nature of Expertise: Reading Less and Learning More When Evaluating Digital Information». En: *Teachers College Record* (2019). URL: https://journals.sagepub.com/doi/10.1177/016146811912101102.

[139] Sonia Livingstone et al. *Children's Data and Privacy Online: Growing up in a Digital Age*. Informe. London School of Economics y Political Science (LSE), 2019. URL: https://www.lse.ac.uk/media-and-communications/assets/documents/research/projects/childrens-privacy-online/Evidence-review-final.pdf.

[140] Walter Mischel et al. «Delay of Gratification in Children». En: *Science* 244.4907 (1989), págs. 933-938.

[141] Nielsen. *Según datos de Nielsen (Q2 2023), los estadouniden*. 2023. URL: https://backlinko.com/screen-time-statistics.

[142] Megan Dickey et al. *42 US states sue Meta, alleging Instagram, Facebook harm children*. 2023. URL: https://www.reuters.com/technology/42-us-states-sue-meta-alleging-instagram-facebook-harm-children-2023-10-24/.

[143] Blake Brittain et al. *US school districts sue TikTok, YouTube, Instagram and Snap over social media addiction*. 2023. URL: https://www.reuters.com/technology/us-school-districts-sue-tiktok-youtube-instagram-snap-over-social-media-2023-10-06/.

[144] Vivek H. Murthy. *Social Media and Youth Mental Health: The U.S. Surgeon General's Advisory*. 2023. URL: https://www.hhs.gov/sites/default/files/sg-youth-mental-health-social-media-advisory.pdf.

[145] Debasmita De et al. «Social Media Algorithms and Teen Addiction: Neurophysiological Impact and Ethical Considerations». En: *Cureus* 17.1 (2025), e76845. URL: https://pmc.ncbi.nlm.nih.gov/articles/PMC11804976/.

[146] *Jury finds Meta and Google negligent in social media harms trial*. 2026. URL: https://www.npr.org/2026/03/25/nx-s1-5746125/meta-youtube-social-media-trial-verdict.

[147] *Two verdicts in two days: How American courts are rewriting the rules for Big Tech and children.* 2026. URL: https://theconversation.com/two-verdicts-in-two-days-how-american-courts-are-rewriting-the-rules-for-big-tech-and-children-279401.

[148] Gloria Mark et al. «The cost of interrupted work: more speed and stress». En: *Proceedings of the SIGCHI Conference on Human Factors in Computing Systems (CHI '08).* 2008, págs. 107-110. URL: https://dl.acm.org/doi/10.1145/1357054.1357072.

[149] Sophie Leroy. «Why is it so hard to do my work? The challenge of attention residue when switching between work tasks». En: *Organizational Behavior and Human Decision Processes* 109.2 (2009), págs. 168-181. URL: https://www.sciencedirect.com/science/article/abs/pii/S074959780900047X.

[150] Kevin P. Madore et al. «Memory failure predicted by attention lapsing and media multitasking». En: *Nature* 587 (2020), págs. 87-91. URL: https://www.nature.com/articles/s41586-020-2870-z.

[151] Melina R. Uncapher et al. «Media multitasking and memory: Differences in working memory and long-term memory». En: *Psychonomic Bulletin & Review* (2015). URL: https://link.springer.com/article/10.3758/s13423-015-0907-3.

[152] Daniel Böttger et al. «Does the Brain Drain Effect Really Exist? A Meta-Analysis». En: *Behavioral Sciences* 13.9 (2023), pág. 751. URL: https://www.mdpi.com/2076-328X/13/9/751.

[153] John D. Eastwood et al. «The unengaged mind: Defining boredom in terms of attention». En: *Perspectives on Psychological Science* (2012).

[154] Timothy D. Wilson et al. «Just think: The challenges of the disengaged mind». En: *Science* (2014).

[155] Andreas Elpidorou. «The bright side of boredom». En: *Frontiers in Psychology* (2014).

[156] Stephen J. Vodanovich. «On the possible benefits of boredom: A neglected area in personality research». En: *Psychology and Education: An Interdisciplinary Journal* 40 (2003), págs. 28-33. URL: https://www.semanticscholar.org/paper/On-the-Possible-Benefits-of-Boredom:-A-Neglected-in-Vodanovich/d7ede82d3869a09bb7081981351d28fb24f15c64.

[157] International Center for Media & the Public Agenda (ICM-PA). *International Center for Media & the Public Agend*. 2011. URL: https://www.sciencedaily.com/releases/2011/04/110405132459.htm.

[158] Barry Brown et al. «100 days of iPhone use: Understanding the details of mobile device use». En: *Proceedings of the 16th International Conference on Human-Computer Interaction with Mobile Devices and Services (MobileHCI 2014)*. 2014.

[159] A. Matic. «Boredom-Computer Interaction: Boredom Proneness and SmartPhone Use». En: *Proceedings of the 2015 ACM International Joint Conference on Pervasive and Ubiquitous Computing (UbiComp 2015)*. 2015.

[160] Jennifer Falbe et al. «Sleep Duration, Restfulness, and Screens in the Sleep Environment». En: *Pediatrics* (2015).

[161] Sherry Turkle. *Reclaiming Conversation: The Power of Talk in a Digital Age*. New York: Penguin Press, 2015. ISBN: 9781594205552. URL: https://www.penguinrandomhouse.com/books/313732/reclaiming-conversation-by-sherry-turkle/.

[162] Julia Angwin et al. *Machine Bias: There's software used across the country to predict future criminals. And it's biased against blacks*. 2016. URL: https://www.propublica.org/article/machine-bias-risk-assessments-in-criminal-sentencing.

[163] Joy Buolamwini et al. «Gender Shades: Intersectional Accuracy Disparities in Commercial Gender Classification». En: *Proceedings of the 1st Conference on Fairness, Accountability and Transparency*. 2018, págs. 77-91. URL: https://proceedings.mlr.press/v81/buolamwini18a.html.

[164] Billy Perrigo. *Exclusive: OpenAI Used Kenyan Workers on Less Than $2 Per Hour to Make ChatGPT Less Toxic*. 2023. URL: https://time.com/6247678/openai-chatgpt-kenya-workers/.

[165] Jenna Burrell. «How the machine 'thinks': Understanding opacity in machine learning algorithms». En: *Big Data & Society* 3.1 (2016), págs. 1-12. URL: https://journals.sagepub.com/doi/10.1177/2053951715622512.

[166] Scott M. Lundberg et al. «A Unified Approach to Interpreting Model Predictions». En: *Advances in Neural Information Processing Systems*. 2017. URL: https://proceedings.neurips.cc/paper_files/paper/2017/hash/8a20a8621978632d76c43dfd28b67767-Abstract.html.

[167] Marco Tulio Ribeiro et al. «Why Should I Trust You?: Explaining the Predictions of Any Classifier». En: *Proceedings of the 22nd ACM SIGKDD International Conference on Knowledge Discovery and Data Mining*. 2016. URL: https://dl.acm.org/doi/10.1145/2939672.2939778.

[168] Nelson Elhage et al. «A Mathematical Framework for Transformer Circuits». En: *Transformer Circuits Thread*. 2021. URL: https://transformer-circuits.pub/2021/framework/index.html.

[169] *Mata v. Avianca, Inc.* 2023. URL: https://law.justia.com/cases/federal/district-courts/new-york/nysdce/1:2022cv01461/575368/54/.

[170] «Lawyers blame ChatGPT for tricking them into citing bogus case law». En: *The Washington Post* (jun. de 2023). URL: https://www.washingtonpost.com/business/2023/06/08/artificial-intelligence-chatgpt-courts/9509d166-065b-11ee-b74a-5bdd335d4fa2_story.html.

[171] «Lawyer apologizes for fake court citations from ChatGPT». En: *CNN Business* (mayo de 2023). URL: https://www.cnn.com/2023/05/27/business/chat-gpt-avianca-mata-lawyers/.

[172] «Judge sanctions lawyers for brief written by A.I. with fake citations». En: *CNBC* (jun. de 2023). URL: https://www.cnbc.com/2023/06/22/judge-sanctions-lawyers-whose-ai-written-filing-contained-fake-citations.html.

[173] «Lawyer in ChatGPT Fake-Cases Hearing Asks Judge for Leniency». En: *Bloomberg Law* (jun. de 2023). URL: https://news.bloomberglaw.com/us-law-week/lawyer-in-chatgpt-fake-cases-hearing-asks-judge-for-leniency.

[174] Yann LeCun. *A Path Towards Autonomous Machine Intelligence*. 2022. URL: https://openreview.net/forum?id=BZ5a1r-kVsf.

[175] Patrick Lewis et al. «Retrieval-Augmented Generation for Knowledge-Intensive NLP Tasks». En: *Advances in Neural Information Processing Systems* 33 (2020), págs. 9459-9474. URL: https://proceedings.neurips.cc/paper/2020/hash/6b493230205f780e1bc26945df7481e5-Abstract.html.

[176] Federal Trade Commission. *Consumer Sentinel Network Data Book 2024: Fraud Reports and Losses by Age Group*. 2024. URL: https://www.ftc.gov/reports/consumer-sentinel-network-data-book-2024.

[177] Souneil Park et al. «When Simpler Data Does Not Imply Less Information: A Study of User Profiling Scenarios With Constrained View of Mobile HTTP (S) Traffic». En: *ACM Transactions on the Web* 12.2 (2018).

[178] Nick Couldry et al. *The Costs of Connection: How Data Is Colonizing Human Life and Appropriating It for Capitalism*. Stanford University Press, 2019. URL: https://www.sup.org/books/sociology/costs-connection.

[179] R. Steinpreis. «The Impact of Gender on the Review of the Curricula Vitae of Job Applicants and Tenure Candidates: A National Empirical Study». En: *Sex Roles* (1999).

[180] *What is the impact of gender diversity on technology business performance?* Informe. NCWIT (National Center for Women & Information Technology), 2000. URL: https://wpassets.ncwit.org/wp-content/uploads/2021/05/13195341/impactgenderdiversitytechbusinessperformance_print.pdf.

[181] *Diversity Matters Even More: The case for holistic impact*. Informe. McKinsey & Company, 2023. URL: https://www.mckinsey.com/featured-insights/diversity-and-

inclusion/diversity-matters-even-more-the-case-for-holistic-impact.

[182] L. Christiansen et al. *Gender Diversity in Senior Positions and Firm Performance: Evidence from Europe*. Working Paper. International Monetary Fund (IMF), 2016. URL: https://www.imf.org/external/pubs/ft/wp/2016/wp1650.pdf.

[183] Simone Centellegher et al. «The Mobile Territorial Lab: a multilayered and dynamic view on parents' daily lives». En: *EPJ Data Science* 5 (2016).

[184] Jacopo Staiano et al. «Money walks: a human-centric study on the economics of personal mobile data». En: *Proceedings of the 2014 ACM International Joint Conference on Pervasive and Ubiquitous Computing (UbiComp 2014)*. 2014.

[185] *AI for social good: Improving lives and protecting the planet*. Informe. McKinsey & Company, mayo de 2024. URL: https://www.mckinsey.com/capabilities/quantumblack/our-insights/ai-for-social-good.

[186] *United Nations Activities on Artificial Intelligence (AI) 2024*. Informe. ITU (International Telecommunication Union), 2024. URL: https://www.itu.int/hub/publication/s-gen-unact-2024/.

[187] *AI for Good Innovate for Impact 2025 Report*. Informe. ITU (International Telecommunication Union), jul. de 2025. URL: https://aiforgood.itu.int/reports_publications/ai-for-good-innovate-for-impact-2025-report/.

[188] *Global Digital Compact*. Pacto Digital Global. United Nations, sep. de 2024. URL: https://www.un.org/digital-emerging-technologies/global-digital-compact.

[189] *Annual Report 2024*. Informe Anual. Partnership on AI, 2024. URL: https://partnershiponai.org/annual-report-2024/.

[190] Iroro Orife et al. «Masakhane – Machine Translation For Africa». En: *ICLR AfricaNLP Workshop* (2020). URL: https://arxiv.org/abs/2003.11529.

[191] Jay Gala et al. «IndicTrans2: Towards High-Quality and Accessible Machine Translation Models for all 22 Scheduled Indian Languages». En: *Transactions on Machine Learning Research* (2023). URL: https://arxiv.org/abs/2305.16307.

[192] Wadhwani Institute for Artificial Intelligence. *Wadhwani AI: Artificial Intelligence for Social Good*. 2018. URL: https://www.wadhwaniai.org/.

[193] ASEAN Secretariat. *ASEAN Guide on AI Governance and Ethics*. Association of Southeast Asian Nations, 2024. URL: https://asean.org/wp-content/uploads/2024/02/ASEAN-Guide-on-AI-Governance-and-Ethics_beautified_201223_v2.pdf.

[194] African Union. *Continental Artificial Intelligence Strategy*. African Union, 2024. URL: https://au.int/en/documents/20240809/continental-artificial-intelligence-strategy.

[195] *European Commission. Ethics guidelines for trustworthy AI*. Directrices Éticas. Comisión Europea, 2019. URL: https://digital-strategy.ec.europa.eu/en/library/ethics-guidelines-trustworthy-ai.

[196] Andre Esteva et al. «Dermatologist-level classification of skin cancer with deep neural networks». En: *Nature* (2017). URL: https://www.nature.com/articles/nature21056.

[197] Laure Wynants et al. «Prediction models for diagnosis and prognosis of COVID-19: systematic review and critical appraisal». En: *BMJ* (2020). URL: https://www.bmj.com/content/369/bmj.m1328.

[198] OECD. *Recommendation of the Council on Artificial Intelligence*. 2019. URL: https://oecd.ai/en/ai-principles.

[199] UNESCO. *Recommendation on the Ethics of Artificial Intelligence*. 2021. URL: https://unesdoc.unesco.org/ark:/48223/pf0000381137.

[200] Nuria Oliver. *Governance in the Era of Data-driven Decisionmaking Algorithms*. Policy Insight. CEPR (Centre for Economic Policy Research), 2019. URL: https://cepr.org/publications/books-and-reports/women-shaping-global-economic-governance.

[201] *Time to Care: Unpaid and underpaid care work and the global inequality crisis*. Informe. Oxfam International, 2020. URL: https://www.oxfam.org/en/press-releases/worlds - billionaires - have - more - wealth - 46 - billion - people.

[202] Roger C. Mayer et al. «An Integrative Model of Organizational Trust». En: *The Academy of Management Review* (1995).

[203] Clifford Nass et al. «Computers are Social Actors». En: *Proceedings of the SIGCHI Conference on Human Factors in Computing Systems*. 1994.

[204] Mrinank Sharma et al. «Towards Understanding Sycophancy in Language Models». En: *arXiv preprint arXiv:2310.13548* (2023).

[205] AlgorithmWatch. *Automating Society Report 2020*. 2020.

[206] Civio. *Spain's Supreme Court Orders the Government to Release BOSCO's Source Code*. 2025.

[207] Office of the High Commissioner for Human Rights. *Landmark Ruling: Dutch Court Stops Government Attempts to Spy on the Poor*. 2020.

[208] Amnesty International. *France: Discriminatory Algorithm Used by the Social Security Agency Must Be Stopped*. 2024.

[209] Eli Pariser. *The Filter Bubble: How the New Personalized Web Is Changing What We Read and How We Think*. New York: Penguin Books, 2012. ISBN: 9780143121237. URL: https://www.penguinrandomhouse.com/books/309214/the-filter-bubble-by-eli-pariser/.

[210] *Facts not Fakes: Tackling Disinformation, Strengthening Information Integrity*. Briefing. European Parliament, 2024. URL: https://doi.org/10.1787/d909ff7a-en.

[211] David M. J. Lazer et al. «The science of fake news». En: *Science* 359.6380 (2018), págs. 1094-1096. URL: https://www.science.org/doi/10.1126/science.aao2998.

[212] Yue Zhang et al. «Siren's Song in the AI Ocean: A Survey on Hallucination in Large Language Models». En: *Computational Linguistics* 51.4 (2025), págs. 1373-1418. URL: https://direct.mit.edu/coli/article/51/4/1373/131631.

[213] *Facing Reality? Law Enforcement and the Challenge of Deepfakes*. Informe. Europol, 2024. URL: https://www.europol.europa.eu/publications-events/publications/facing-reality-law-enforcement-and-challenge-of-deepfakes.

[214] Paul Christiano et al. «Deep Reinforcement Learning from Human Preferences». En: *Advances in Neural Information Processing Systems 30 (NIPS 2017)*. 2017, págs. 4299-4307. URL: https://proceedings.neurips.cc/paper_files/paper/2017/hash/d5e2c0adad503c91f91df240d0cd4e49-Abstract.html.

[215] Long Ouyang et al. «Training language models to follow instructions with human feedback». En: *Advances in Neural Information Processing Systems 35 (NeurIPS 2022)*. 2022, págs. 27730-27744. URL: https://proceedings.neurips.cc/paper_files/paper/2022/hash/b1efde53be364a73914f58805a001731-Abstract-Conference.html.

[216] Yuntao Bai et al. *Constitutional AI: Harmlessness from AI Feedback*. 2022. URL: https://arxiv.org/abs/2212.08073.

[217] Evan Hubinger et al. *Sleeper Agents: Training Deceptive LLMs that Persist Through Safety Training*. 2024. URL: https://arxiv.org/abs/2401.05566.

www.ingramcontent.com/pod-product-compliance
Lightning Source LLC
LaVergne TN
LVHW050636051026
849532LV00002B/417